Vijayan Gurumurthy Iyer

Processo de avaliação do impacto ambiental

Vijayan Gurumurthy Iyer

Processo de avaliação do impacto ambiental

AVALIAÇÃO DO IMPACTO NA SAÚDE AMBIENTAL PARA O DESENVOLVIMENTO SUSTENTÁVEL

ScienciaScripts

Imprint

Cover image: www.ingimage.com

This book is a translation from the original published under ISBN 978-620-7-45231-6.

Publisher:
Sciencia Scripts
is a trademark of
Dodo Books Indian Ocean Ltd. and OmniScriptum S.R.L publishing group

120 High Road, East Finchley, London, N2 9ED, United Kingdom
Str. Armeneasca 28/1, office 1, Chisinau MD-2012, Republic of Moldova, Europe
Printed at: see last page
ISBN: 978-620-7-69744-1

AGRADECIMENTOS

O autor agradece a Shri K.K. Pathak, I.A.S., Diretor-Geral do Bihar Institute of Public Administration and Rural Development (BIPARD), a autorização para publicar este artigo de investigação como um módulo do curso de formação e investigação do BIPARD intitulado "Environmental Climate Change and Control". O autor do livro agradece aos Directores-Gerais Virtoria Ursu e Ieva Konstantinova da M/S Lambert Academic Publishing (Marca da Omni Scriptum S.R.L.), Londres, Reino Unido, pelo seu generoso e real apoio. Agradecimentos editoriais sinceros e sustentáveis à Sra. Parascovia Petrachi, editora da M/S Lambert Academic Publishing (Brand of Omni Scriptum S.R.L.), Londres, Reino Unido

ÍNDICE DE CONTEÚDOS

PARTE-I

AVALIAÇÃO DO IMPACTO AMBIENTAL DAS MÁQUINAS AGRÍCOLAS DE DESCAROÇAMENTO DO ALGODÃO - ESTUDOS DE CASO

Resumo

O presente documento dá conta dos riscos de contaminação e poluição por crómio causados pela utilização de rolos revestidos a couro composto de crómio (CCLC) habitualmente utilizados nas indústrias de descaroçamento de algodão e tenta eliminar a contaminação e a poluição por crómio durante este processo de avaliação do impacto ambiental (AIA). O processo de descaroçamento com rolos de algodão consiste na separação mecânica das fibras de algodão das suas sementes por meio de um ou mais rolos aos quais as fibras aderem, enquanto as sementes são impedidas e arrancadas ou soltas. A maior parte das operações de descaroçamento do algodão são efectuadas com descaroçadores de rolos. Os revestimentos dos rolos CCLC contêm cerca de 18 000 a 30 000 mg/kg (ppm) de crómio total nas formas trivalente e hexavalente, que são tóxicas para a saúde humana. Quando o algodão em caroço é descaroçado, devido à fricção persistente dos rolos CCLC sobre as facas fixas, o algodão e os seus produtos são contaminados com crómio total nas formas trivalente e hexavalente. Os trabalhadores das fábricas de descaroçamento estão expostos à poeira do algodão e à poluição pelo crómio e são susceptíveis a riscos para a saúde, como a morte prematura, o cancro, a bissinose e as úlceras no ambiente atmosférico do descaroçamento do algodão, uma vez que os efeitos tóxicos são produzidos pelo contacto prolongado com compostos de crómio em suspensão no ar ou em estado sólido ou líquido, mesmo em pequenas quantidades. A poluição sonora da maquinaria agrícola de descaroçamento nas fábricas de descaroçamento de algodão-semente atingiu níveis de 102-103 dB(A) de decibéis. Para compensar este problema, foram concebidos, fabricados e utilizados em experiências em descaroçadores de rolos rolos rolos de tecido de algodão emborrachado (RCF) ecológicos, isentos de poluição, tanto para estudos laboratoriais como comerciais. Isto anula a contaminação e a poluição por crómio durante todo o processo. Os parâmetros tecnológicos do algodão estão bem comprovados para aceitação comercial.

PALAVRAS-CHAVE: avaliação, clima, ambiente, gin, saúde.

Introdução

O algodão, cultivado na planta como algodão em caroço (ou *kapas*), é primeiro processado para ser separado em algodão em pluma e em caroço nas indústrias de descaroçamento do algodão (Iyer, 1994). O princípio deste processo de descaroçamento com rolos foi inventado por McCarthy (Townsend et al., 1940). Este processo consiste na separação mecânica das fibras de algodão das suas sementes por meio de um ou mais rolos aos quais as fibras aderem, enquanto as sementes são impedidas e arrancadas ou soltas. A figura 1 mostra a configuração do processo de descaroçamento por rolos do algodão.

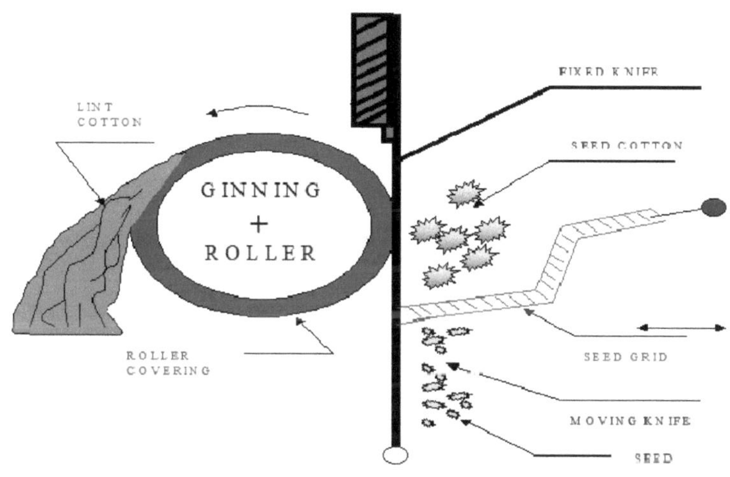

FIG. 1 : McCARTHY PRINCIPLE OF COTTON ROLLER GINNING PROCESS

A figura 2 é uma fotografia de uma máquina de descaroçar com rolos de algodão.

Os rolos CCLC são utilizados nas indústrias de descaroçamento de algodão, que estão sujeitos a um enorme desgaste (Iyer, 1994). Devido à ação persistente de trituração de poeiras dos rolos CCLC sobre as facas fixas das máquinas de descaroçar, os rolos CCLC emitem crómio para o ambiente, o que contamina o algodão e os seus produtos para além dos limites seguros das normas ecológicas (Iyer, 2000). Uma vez que as arruelas de couro cromadas semi-acabadas contêm 3 a 4% de crómio e estão a ser utilizadas pelas indústrias de descaroçamento com rolos na Índia, África, Tanzânia, Egipto e China, foi chamada a atenção para os aspectos contaminantes e poluentes durante todo o processo (Iyer *et al.,* 2001).

Pesquisa bibliográfica

Foi efectuada uma extensa pesquisa bibliográfica para caraterizar e avaliar a contaminação e a poluição do processo de descaroçamento com rolos de algodão. Não foi realizado qualquer trabalho noutro local diretamente relacionado com os rolos CCLC que estão a ser utilizados nas indústrias de descaroçamento do algodão. No entanto, foram apresentados breves esboços relativos às fontes de crómio e aos efeitos na saúde durante o processo de descaroçamento do algodão. Os rolos CCLC têm propriedades tóxicas e carcinogénicas e aumentam a carga de crómio no ambiente. Os rolos CCLC de moagem, que produzem poeiras, causam problemas de poluição atmosférica no ambiente da fábrica. Os trabalhadores da fábrica e do descaroçador estão diretamente expostos a esta poluição e são vulneráveis a riscos para a saúde (Iyer, 1997). A CSD polui o ar do descaroçador e os trabalhadores da transformação do algodão sofrem de doenças e perturbações fisiológicas provocadas pelo crómio. O crómio adsorvido no algodão em pluma provoca sintomas alérgicos, incidência de cancro, lesões cerebrais, ulceração crónica e perfuração do septo nasal nos trabalhadores da indústria do algodão (Iyer, 1998). As sementes de algodão são contaminadas com crómio desde a sua origem. O trabalho apresentado neste artigo tem por objetivo identificar os problemas ambientais e de saúde que se colocam quando se utilizam rolos CCLC.

Objectivos e necessidade da presente investigação

Os objectivos desta investigação são: (1) identificar e estudar os problemas ambientais e de saúde relacionados com os actuais rolos de couro composto cromado (CCLC) utilizados nas indústrias de descaroçamento de algodão e (2) conceber e desenvolver um rolo de tecido de algodão de borracha não cromada amigo do ambiente e avaliar o seu desempenho com uma referência particular aos aspectos comerciais e ambientais nas indústrias de descaroçamento de algodão.

Tendo em conta os antecedentes de investigação e a experiência prática do autor nas indústrias de descaroçamento e têxtil, o presente estudo procurou eliminar este problema em grande medida na própria fonte, através de uma conceção e desenvolvimento adequados de um rolo de descaroçamento de algodão sem crómio, amigo do ambiente e isento de poluição. Foi desenvolvido um processo de descaroçamento por rolos ecológico para substituir o processo convencional de descaroçamento por rolos CCLC, a fim de eliminar a contaminação por crómio e a poluição das indústrias de descaroçamento por rolos de algodão, de modo a cumprir os requisitos das normas ambientais, mantendo simultaneamente fios fiados e tecidos de alta qualidade que cumprem as normas internacionais.

Materiais e métodos

Para o presente estudo, foi efectuado um estudo sobre o desgaste dos rolos e a taxa de compactação em indústrias de descaroçamento de rolos em Belgaum, Índia, para as épocas de algodão de 1996-1997 a 1998-2000 e 2022-2023. Os descaroçadores de rolos foram ajustados com espaçadores de acordo com as normas (Iyer, 2023). A abertura de ranhuras foi efectuada regularmente no início de cada turno, de acordo com as variedades de algodão. Foram colhidas aleatoriamente algumas amostras para a análise do crómio em mg/kg (ppm). As amostras colhidas para análise foram as seguintes: algodão em pluma, sementes, algodão em pluma, rolo CCLC, pó do rolo CCLC recolhido durante a operação de ranhuramento, solo, raiz da planta, fibra, fio, tecido e efluentes. Para a análise do crómio total, foi utilizado um espetrofotómetro de absorção atómica *(AAS)*. O método AAS seguido foi o da Associação Americana de Saúde Pública (APHA). A concentração de partículas suspensas respiráveis (RSPM) e de partículas suspensas (SPM) no descaroçador foi monitorizada utilizando o *High Volume Air Sampler (HVAS)* com impactor em cascata e filtros de fibra de vidro adequados. A quantidade de poluentes emitidos numa base de oito horas foi recolhida utilizando o HVAS e analisada para o crómio. Os parâmetros tecnológicos do algodão foram testados utilizando os instrumentos, nomeadamente, o instrumento de alto volume (HVI) e o microscópio eletrónico de varrimento (SEM) para o algodão descaroçado com rolo de crómio e o algodão descaroçado com rolo ecológico.

Impactos ambientais dos rolos CCLC

Os impactos ambientais dos rolos CCLC são avaliados a partir dos poluentes, *nomeadamente o pó de algodão* e o *pó específico de crómio* (CSD) na atmosfera da fábrica. A poeira de *algodão* libertada no processo de descaroçamento é uma mistura complexa e variável de fibras de algodão, óvulos não desenvolvidos, resíduos de plantas de algodão, incluindo galhos, brácteas e partículas de *pericarpo* deixadas após o processo de descaroçamento, juntamente com partículas de solo, bactérias, fungos e resíduos de pesticidas (Iyer, 1990). A poeira visível e invisível na atmosfera da fábrica é conhecida como '*Fly*'. As partículas do ar ambiente de cerca de 2,5μ m são classificadas como poeira de algodão no ambiente de descaroçamento. A bissinose é uma doença causada pela inalação de poeiras de algodão durante um longo período de tempo (Shirley Vol. II, 1982). Trata-se de uma doença pulmonar incapacitante permanente. O sintoma é tosse crónica que termina em bronquite crónica (doença respiratória). A Índia tem um grande número de fábricas de descaroçamento e de têxteis que empregam 48% de todos os trabalhadores fabris (Rao, M.N., 1995). Cerca de 55% dos trabalhadores das fábricas sofrem da doença da bissinose (Rao, C.S., 1995). De acordo com uma estimativa aproximada efectuada durante um inquérito no terreno/discussões com a direção da indústria de descaroçamento, existem atualmente na Índia cerca de 213 000 rolos CCLC, que incluem 17 040 000 máquinas de lavar CCLC, utilizados durante uma campanha de algodão de três meses. Há cerca de 760 000 pessoas a trabalhar nas indústrias de descaroçamento por rolos na Índia.

O crómio presente nos CSD e nos produtos de algodão contaminados actua no ser humano de três formas: (1) ação local como dermatite ou absorção através da pele, (2) inalação direta e (3) ingestão ou absorção pelo estômago (Lippman, 1991). Os efeitos tóxicos são produzidos pelo contacto prolongado com compostos de crómio em suspensão no ar, sólidos ou líquidos, mesmo em pequenas quantidades, devido às suas propriedades como a carcinogenicidade, a mutagenicidade e a corrosividade (Sujana *et.al.*,1997). As complicações surgem devido à natureza redutora destes vestígios de crómio que afectam os tecidos orgânicos do corpo.

A poluição atmosférica causada pela CSD e pela poeira do algodão foi responsável por complicações de saúde sinérgicas (aumentadas) de doenças à base de crómio e de doenças de bissinose nos trabalhadores da indústria de descaroçamento (Iyer, 2001). As fábricas indianas de fiação e descaroçamento não dispõem de sistemas de controlo de poeiras para os trabalhadores. Refere-se que as indústrias de descaroçamento estão localizadas nas zonas de cultivo de algodão e nas suas imediações e empregam mulheres com idades compreendidas entre os 21 e os 40 anos para trabalhos braçais e trabalhadores do sexo masculino com idades compreendidas entre os 18 e os 50 anos. As mulheres vêm frequentemente acompanhadas dos seus filhos para desempenharem as suas funções, tais como (i) alimentar o algodão em caroço (ou *kapas*), (ii) recolher o algodão em fibra, varrer as sementes e o chão, (iii) limpar e classificar o algodão em caroço e (iv) actividades ligeiras. As crianças são expostas diretamente à CSD. Os efeitos sobre a saúde e os relatórios dos trabalhadores não vieram a público, porque (i) quase todos os trabalhadores não têm um emprego regular, (ii) a indústria de descaroçamento do algodão funciona sazonalmente durante 6-8 meses em zonas semi-áridas e 8-10 meses em zonas pluviais num ano, (iii) os trabalhadores estão relutantes em fazer exames médicos devido à sua negligência e medo e (iv) não são economicamente suficientemente sólidos para fazer os seus tratamentos médicos.

Descrição e desempenho dos rolos CCLC em descaroçadores DR

O rolo é o principal componente do descaroçador de rolo duplo (DR) (Iyer, 1993). O comprimento do rolo do descaroçador varia de 1025 a 1148 mm, com um diâmetro exterior que varia de 178 a 180 mm, adequado para o funcionamento. O rolo é composto por 78 a 80 discos de arruelas. A espessura de cada disco de arruela é de 18 mm. Cada disco de anilha é constituído por 18 abas cosidas e coladas entre si, com um diâmetro de 180 mm e uma espessura de 1 mm para cada aba (Iyer, 1997). A Figura 3 mostra uma anilha de couro composto cromado para o fabrico de descaroçadores de rolos CCLC.

CHROME COMPOSITE LEATHER CLAD (CCLC) WASHER BEING USED IN COTTON GINNING INDUSTRIES

A figura 4 é um desenho de engenharia do revestimento de anilhas revestidas de couro composto de crómio, constituído por um rolo de uma máquina de descaroçar de rolo duplo.

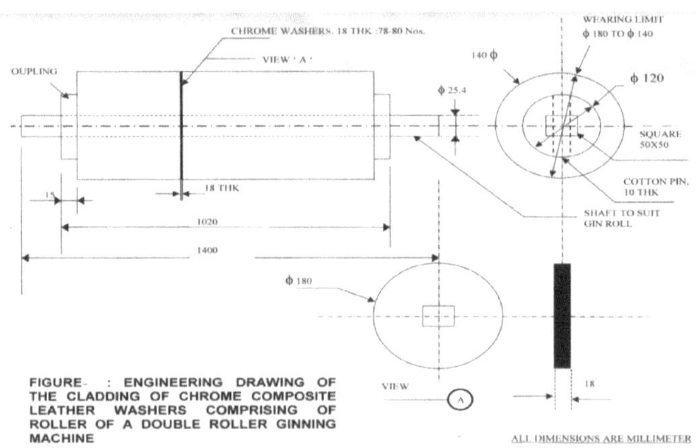

FIGURE- : ENGINEERING DRAWING OF THE CLADDING OF CHROME COMPOSITE LEATHER WASHERS COMPRISING OF ROLLER OF A DOUBLE ROLLER GINNING MACHINE

O sulfato básico de crómio (BCS) Cr (OH) SO $nH_{4\ 2}$ O e o cromato impuro com 45-50 % de basicidade são utilizados durante o processo de curtimenta do couro ao crómio para fabricar as referidas anilhas CCLC (Iyer, 1998). As várias operações unitárias envolvidas no fabrico de anilhas para o rolo utilizável foram as seguintes: i) As anilhas são montadas num eixo de aço com uma secção transversal quadrada de 50 mm^2 ou uma secção hexagonal de 50 mm de extremidade a extremidade para formar um rolo, ii) As anilhas montadas são comprimidas a uma pressão de 2 Pascal utilizando uma máquina de prensagem convencional. O rolo devia ser prensado de ambos os lados, adicionando o número necessário de anilhas de cada lado, (iii) O rolo prensado foi torneado e acabado com um diâmetro exterior de 180 mm num torno central, (iv) São feitas ranhuras em espiral na superfície dos rolos acabados. O rolo acabado está pronto para a operação de ranhura utilizando uma serra de fita; inicialmente, marcando as ranhuras em espiral em forma de "U", fixando-as na máquina de ranhurar e, por último, efectuando as ranhuras em espiral na superfície do rolo com uma serra de fita ou uma máquina de corte com serra circular (Iyer, 1996).

A eficiência do descaroçamento depende principalmente da velocidade da superfície do rolo e do número de cursos de trabalho da faca móvel (Shete *et.al.*, 1993). Quando os rolos são utilizados nas máquinas de descaroçamento, a taxa de descaroçamento diminui à medida que o diâmetro do rolo diminui. O diâmetro exterior do rolo foi reduzido para 114 mm no final da época do algodão. A redução do diâmetro foi diretamente proporcional à quantidade de algodão em caroço descaroçado (Iyer, 1999). Após uma eventual utilização, as anilhas foram retiradas do eixo. Novamente, as novas arruelas foram recuperadas e montadas no eixo. Os discos de anilhas gastos e consumidos eram deitados fora após um período de utilização considerável, de dois a três meses. O autor efectuou um estudo de saúde em Guntur, Bailhongal, Sendwa, Surendranagar, na Índia, na Tanzânia e na China, onde se situa o maior número de fábricas de descaroçamento, a fim de avaliar os efeitos na saúde e os riscos para a saúde no trabalho. Um processo de descaroçamento de rolos adequado e ecológico pode eliminar esta contaminação insegura com crómio e a poluição do ambiente (Iyer, 1998). Por conseguinte, foi efectuado um estudo exaustivo para a conceção e o desenvolvimento de rolos RCF não cromados e ecológicos para modificar os rolos CCLC convencionais existentes.

Base para a conceção de rolos ecológicos

Foram efectuados estudos de materiais de engenharia para a seleção do material adequado para os rolos de descaroçamento, que eram feitos de pele de morsa, embalagem de aranha, fibra de coco, embalagem de borracha, cilindro de metal, rolo de borracha, tecido e embalagem de borracha, couro, algodão, borracha e cortiça, plásticos e etileno-propileno fluorado (Iyer, 1997). A peculiar ação de preensão ou aderência das fibras de algodão à superfície do rolo foi considerada na conceção dos rolos. As superfícies de couro possuem uma ação interfibrilar, que adere a fibra à superfície do rolo (Iyer, 2002). Esta propriedade específica foi estudada exaustivamente para os diferentes materiais e para a combinação de diferentes materiais, de modo a conceber e fabricar rolos sem crómio para o dispositivo de experimentação de rolos de descaroçadores (GRED) e protótipos de rolos sem crómio ecológicos para descaroçadores DR existentes. Os objectivos dos estudos laboratoriais consistiam em definir as propriedades físicas de um material de revestimento de rolos que contribui para o seu consumo de energia, o potencial de taxa de descaroçamento, os parâmetros ecológicos, os parâmetros tecnológicos do algodão, a análise de engenharia mecânica, as propriedades de resistência ao desgaste, a capacidade de resistência ao calor e a procura de melhores materiais de revestimento de rolos.

As investigações relativas ao descaroçamento foram efectuadas no Central Institute for Research on Cotton Technology (CIRCOT), em Bombaim. Os rolos de laboratório para o GRED foram concebidos e fabricados em Calcutá, numa empresa de fabrico local. A Figura 5 apresenta uma fotografia de grande plano do dispositivo de experimentação do rolo de descaroçamento (GRED).

GRED ASSEMBLED WITH RCF LABORATORY ROLLER SUCCESSFULLY GINNING OUT SEED-COTTON

Foram efectuadas experiências com os rolos concebidos no CIRCOT, Mumbai, Índia, juntamente com os parâmetros tecnológicos do algodão. Após os testes iniciais, os rolos do modelo piloto foram concebidos, fabricados e testados em fábricas de descaroçamento situadas em Bailhongal e Sendhwa, na Índia. A Figura 6 apresenta o desenho de montagem de anilhas de tecido de algodão com borracha (RCF) para o fabrico de rolos RCF de descaroçadores de rolos duplos de algodão.

FIG. :ASSEMBLY DRAWING OF RUBBERIZED COTTON FABRIC (RCF) WASHERS FOR MAKING RCF ROLLERS OF DOUBLE ROLLER GINS

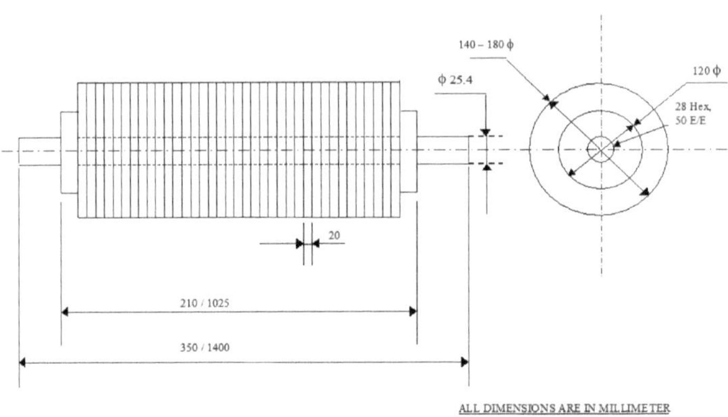

A análise ambiental foi efectuada no Centro de Ambiente Mineiro, Indian School of Mines, Dhanbad, Índia e no laboratório Eco-Textile, Mumbai, Índia. As propriedades mecânicas foram analisadas em vários laboratórios de engenharia mecânica. Foi demonstrado um modelo-piloto "Sistema após modificação" numa indústria de descaroçamento em Bailhongal, na Índia. A figura 7 é uma fotografia de grande plano de uma máquina de descaroçamento de rolos duplos montada com rolos RCF.

ECO-FRIENDLY ROLLER GIN OF DESIGN-V , WHICH FAILED TO OPERATE SUCCESSFULLY GINNING SEED-COTTON

Resultados e discussões

Foi realizada uma experiência para determinar o desgaste e a taxa de compactação dos rolos CCLC utilizados pelas indústrias de descaroçamento durante uma época de três meses. No início da época, o diâmetro dos rolos era de 180 mm. No final da época, foram anotadas as dimensões dos rolos nas posições esquerda, média e direita de todos os descaroçadores de rolos da fábrica, ou seja, 18 descaroçadores. O lado do rolo "A" era o lado da frente do descaroçador. O lado do rolo "B" era o lado traseiro do descaroçador DR. Os resultados são apresentados no quadro 1. Para além da taxa de desgaste, a tabela expressa a quantidade de poluentes gerados durante a operação, tais como pó de couro, pó de algodão e pó específico de crómio. Verificou-se que a taxa de desgaste foi de 0,033 mm / hora e a percentagem de material removido por rolo foi de 43,8%. O diâmetro exterior final no fim do estudo aproximava-se dos 140 mm. A taxa de compactação do rolo de crómio foi de 0,050 mm/hora, ou seja, 50µ m / hora. A Figura 8 apresenta um gráfico da taxa de desgaste da trituração com produção de pó do rolo CCLC e do rolo RCF.

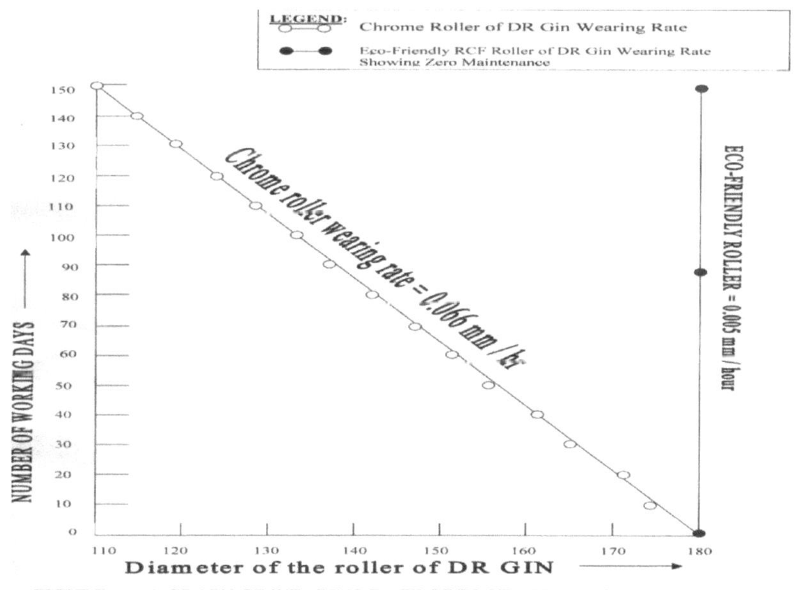

FIGURE : A GRAPH OF WEARING RATE OF DUST – PRODUCING GRINDING OF CHROME ROLLER AND ECO – FRIENDLY ROLLER

Os relatórios das análises de crómio das amostras de algodão em pluma, de sementes e de fibras de algodão, de fibras, de fios e de tecidos são apresentados no quadro 2. O rolo CCLC contém 18 077 mg/kg (ppm) a 30 780 mg/kg (ppm) de crómio total (3 a 4% de crómio total). Este teor inclui o crómio trivalente e hexavalente. Durante a operação de descaroçamento, o cotão absorve partículas de crómio, que contém 143 mg/kg (ppm) a 1994 mg/kg (ppm). A concentração de crómio nas amostras de poeiras, SPM e RSPM de diferentes gamas é apresentada no Quadro 3. O rolo CCLC foi ranhurado no início de cada turno e, no início de cada estação, o rolo foi limado ou rodado para nivelamento, de modo a obter um diâmetro uniforme. Nessa altura, o teor de crómio no algodão em pluma era de 1994 mg/kg (ppm). O peso total de crómio removido durante uma época de algodão de 16 horas por dia era de 450 a 600 gramas por rolo de descaroçamento. A poeira específica de crómio de uma máquina de descaroçamento entrou no ambiente até ao nível de 143 ppm. As normas ambientais para o crómio no fio fiado são de 2 ppm e para o Cr (III) no vestuário e tecido de bebé são de 0,1 ppm e nulas para o Cr (VI). Os vestígios encontrados contêm crómio hexavalente que é adsorvido dos fios e fiapos contaminados para os tecidos e que, subsequentemente, não pode ser removido dos tecidos. Existem provas de que os efeitos tóxicos para os seres humanos do Cr (III) e do Cr (VI) se devem à sua carcinogenecidade e corrosividade. A análise mostra que se encontram vestígios de Cr (VI) mesmo em compostos de crómio trivalente de qualidade laboratorial e que surgem complicações devido à natureza redutível destes vestígios que afectam os tecidos orgânicos do corpo. Estes efeitos regeneradores ocorrem rapidamente e dependem da dose e do tempo de exposição do trabalhador.

Tabela 1. Resultados do desgaste dos rolos para rolos com diâmetros iniciais de 180 mm

Número da máquina	Diâmetro exterior dos rolos após uma estação de algodão (mm)*					
	O lado do rolo "A" é o lado frontal da máquina			O lado do rolo "B" é o lado traseiro da máquina		
	Esquerda	Médio	Certo	Esquerda	Médio	Certo
1	140	140	140	141	143	142
2	140	140	140	140	142	142
3	145	146	150	150	145	140
4	153	153	153	148	148	148
5	148	147	148	148	148	148
6	146	147	148	146	146	146
7	135	135	135	145	142	140
8	140	140	140	145	142	140
9	150	150	150	148	148	148
10	138	136	136	136	136	136
11	145	145	146	145	145	145
12	136	136	136	136	136	136
13	158	158	158	158	157	157
14	160	160	160	161	160	160
15	154	154	154	155	156	156
16	155	155	156	155	154	154
17	160	160	159	160	160	160
18	160	160	161	160	161	166

**Diâmetro inicial dos rolos = 180 mm .*

Quadro 2. Níveis de contaminação por crómio no algodão e seus produtos

Algodão e seus produtos	Crómio total	Normas ecológicas*
Algodão com cotão	143-1990 ppm	0,1 ppm
Fios fiados	17- 250 ppm	0,1 ppm
Tecidos	17- 45 ppm	0,1 ppm
Sementes de algodão	0-312 ppm	2 ppm
Óleo alimentar	0-259 ppm	2 ppm
Bolo de óleo	0-190 ppm	2 ppm
Linter	0-159 ppm	0,1 ppm

*Normas ambientais de acordo com o Ministério do Ambiente e das Florestas (1996)

Seguem-se os resultados significativos de crómio em amostras de poeiras com normas ecológicas relevantes

Tabela 3. Nível de crómio nas amostras de poeiras		
Fontes de pó de algodão	Crómio total	Normas* LD_{50}
Ponto de descaroçamento	51-173 ppm	50 ppm
Ponto de ranhura CCLC	17-1994 ppm	50 ppm
Partículas em suspensão respiráveis (RSPM) Inferior a 1 mícron	51-190 ppm	50 ppm
RSPM 1 a 3 microns	119-142 ppm	50 ppm
RSPM 3 a 5 microns	103- 295 ppm	50 ppm
RSPM 5 a 7 microns	56-152 ppm	50 ppm
RSPM 7 a 10 microns	52-133 ppm	50 ppm
Suspenso Partículas em suspensão (SPM) em Gin House Air	159 ppm	50 ppm

*Instituto Nacional de Normas de Perigos Ocupacionais e de Segurança dos EUA (1992)

O rolo constitui um elemento importante dos descaroçadores de rolos. Até 1940, apenas a pele de morsa era utilizada como material de revestimento do cilindro nos EUA e no Reino Unido. Posteriormente, devido à indisponibilidade da morsa, estes países não permitiram a utilização deste tipo de peles, tornando obsoletas estas máquinas de enrolar. Os couros de ovelha e de búfalo curtidos ao cromo foram utilizados como substitutos nos descaroçadores de rolos, embora a ação interfibrilar não seja satisfatória em comparação com os couros de morsa. Os materiais dos rolos, *nomeadamente* o couro comum, o jornal, a cortiça e a fibra de coco, também foram experimentados, mas não foram considerados adequados. Desde 1940, o material de revestimento de couro composto de cromo (CCLC) tem sido utilizado até agora na Índia, China, África e Egipto para fabricar rolos de descaroçadores de rolos. Os rolos CCLC não são utilizados nos EUA e no Reino Unido desde há muitos anos. Para compensar estes graves problemas de contaminação por crómio e poluição causados pelos rolos CCLC das indústrias de descaroçamento de algodão utilizadas na Índia, África, China e Egipto, foram concebidos, fabricados e experimentados alguns tipos de rolos de tecido de algodão emborrachado (RCF) sem crómio para estudos laboratoriais e comerciais num dispositivo especial de experimentação de rolos de descaroçamento (GRED) e em descaroçadores de rolos duplos (DR) construídos em laboratório. Foram estudadas algumas das propriedades físicas dos melhores materiais de revestimento dos rolos, tais como o consumo de energia, o potencial de taxa de descaroçamento, parâmetros ecológicos, parâmetros tecnológicos do algodão, análise de engenharia mecânica e propriedades de resistência ao desgaste. Os estudos laboratoriais revelaram que o rolo de tecido de algodão com borracha (RCF) era o mais adequado. Assim, os rolos RCF foram cobertos com material de cobertura de rolos do tipo embalagem, feito de várias camadas de tecido de algodão unidas com um composto de borracha. Apresentam-se em seguida os pormenores dos materiais utilizados na composição da borracha para o fabrico de rolos RCF.

Materiais para a composição de borracha (Código de Normas Indiano-3400)

Borracha natural =100 unidades
Óxido de zinco = 10 Unidade
Ácido esteárico = 2 Unidade
Acelerador = 1 unidade
Anti-oxidante (sem coloração) = 1 unidade
Óleo de processamento = 10 Unidade
Enchimento branco = 40 Unidade
Dióxido de titânio = 10 Unidade
Enxofre = 2,5 Unidade
Resina = 20 Unidadc

Composição de borracha (Rubber Board, Índia)

Borracha natural = 100 unidades
ZnO = 5,0 unidades
Ácido esteárico = 2,0 unidades
S.P (Óleo de processamento)= 1,0 unidade
Sílica (ppt) = 25,0 unidade
Badejo = 20,0 unidades
Argila = 50.0 unidade
Al. Silicato = 25.0 unidade
Resina de madeira = 5.0 unidade
TiO_2 = 5,0 unidades

CBS (acelerador) = 1.0 unidade

Enxofre = 2,5 unidades

Foram testados sete tipos de materiais de revestimento de rolos com diferentes composições de borracha e de tecidos múltiplos em descaroçadores GRED e DR. Dois rolos foram abandonados principalmente devido a um maior desgaste, a falhas de cola e ao facto de o descaroçamento não ter sido efectuado corretamente. Verificou-se que um dos rolos deste tipo RCF foi bem sucedido no descaroçamento do algodão-semente, mantendo ao mesmo tempo um elevado potencial de descaroçamento, parâmetros tecnológicos do algodão em fibra, propriedades do fio e do tecido.

Os rolos RCF fabricados com este tipo de materiais de revestimento experimentais foram testados (1) para detetar deficiências óbvias de desempenho, tais como vida curta do rolo, taxa de desgaste, temperatura e contaminação do cotão, (2) para estabelecer a existência de algum potencial de descaroçamento. Cinco rolos RCF foram considerados eficazes e bem sucedidos no descaroçamento do algodão-semente. Um dos espécimes do material de revestimento dos rolos de descaroçamento do tipo tecido e embalagem de borracha foi superior a todos os tipos testados no que respeita ao potencial de descaroçamento (kg de algodão descaroçado por unidade de tempo à taxa de alimentação máxima) e à quantidade de energia consumida (trabalho necessário para descaroçar um kg de cotão). Devido à fricção entre o rolo e a faca estacionária, a temperatura deste rolo foi aumentada até 55° C, o que facilita a operação de descaroçamento rápido. A tecnologia de fabrico, as características de engenharia de conceção e os desenhos de montagem mostram que o material de cobertura do descaroçador convencional de tecido e rolo de borracha foi selecionado com as seguintes características

1. Dureza de 90 (tipo DO durómetro),
2. 9 a 10 camadas de tecidos com 20 mm de comprimento,
3. Espessura dos tecidos 1,2 mm,
4. O composto de borracha é resiliente e
5. 0,76 mm de cerdas de fibra sobressaem para além da superfície de borracha, apesar do desgaste.

Com base na conceção e no desenvolvimento de vários rolos e nos subsequentes estudos de avaliação do desempenho, foi demonstrada a utilização de um rolo RCF sem crómio nas indústrias de descaroçamento. Os rolos RCF recentemente desenvolvidos foram bem sucedidos e eficazes no seu funcionamento e no descaroçamento do algodão-semente. Uma análise económica dos custos revelou que o descaroçador de rolos RCF ecológico era melhor em todos os aspectos ambientais, tecnológicos e comerciais do algodão. Esta tecnologia melhorada era suscetível de ser comercializada pelas indústrias. O quadro 4 abaixo mostra os dados da análise de engenharia do algodão em pluma ecológico e do algodão em pluma contaminado com crómio. Os quadros 5 e 6 abaixo mostram os dados dos parâmetros tecnológicos do algodão em pluma ecológico e do algodão em pluma contaminado com crómio.

Quadro 4. Dados da análise de engenharia do cotão ecológico e do cotão contaminado com crómio

PARTICULARES	ROLO DE DESCAROÇAMENTO ECOLÓGICO/FIAPOS DESCAROÇADOS	ROLO DE DESCAROÇAMENTO CROMADO/FIAPOS DESCAROÇADOS
Índice de sementes	7.07	7.34
Corte de facas	De quatro em quatro dias	diário
Ranhura do rolo de descaroçamento período de frequência	De cinco em cinco dias	diário
Potência em vazio, 400 V	1,28 kW	1,6 kW
Potência a plena carga, 400V	1,696 kW	1,92kW
Corrente sem carga	4A	5 A
Corrente de carga total	5.3A	6 A
Penugem de sementes	6.2%	5.0%
Redução do diâmetro por hora-máquina	37,89 mμ	64 mμ
Produção por hora-máquina	38,26 kg	36 kg
Vida útil prevista da máquina de lavar (desgaste até 30000μ m)	844 Máquina-hora	437,5 Máquina-hora
Coeficiente de atrito do algodão em flocos sobre o rolo	0.768	0.123

Tabela 5. Ensaios de grande volume utilizando o instrumento de grande volume (HVI) e o microscópio eletrónico de varrimento (SEM) para as propriedades tecnológicas do algodão

PARTICULARES	ROLO DE DESCAROÇAMENTO ECOLÓGICO/FIAPOS DESCAROÇADOS	ROLO DE DESCAROÇAMENTO CROMADO/FIAPOS DESCAROÇADOS
2,5% Comprimento do vão	27.7	28.6
Tenacidade, g/tex	21,3 g/tex	22,2 g/tex
Rácio de uniformidade, UR%	46	45
Fibras curtas,%	3.5%	4.0%
Cor/grau/aparências	Amarelado e Muito bom	Branco brilhante, pobre
Proporção do teor de cera e melhores propriedades de captura do corante	0.3% Corante pobre Propriedades de captura	Nulo
Absorção de corante	Muito bom	Pobres
Propriedades físicas e químicas da varredura	Muito bom	Pobres
2,5% comprimento do vão, mm	35.6	35.4
Uniformidade, %	46.0	44.0
Classificador Baer, comprimento médio, mm	32.3	32.8
Alongamento	40.0	42.0
Fibra curta, %	14.6	16.4
Tenacidade, g/tex	28.6	27.8
Micronaire	3.0	2.8
2,5% Comprimento do vão, mm	28.5	28.2
Rácio de uniformidade, %	47.0	47.2

Tabela 6. Propriedades da fibra e do corante

PARTICULARES	ROLO DE DESCAROÇAMENTO ECOLÓGICO/FIAPOS DESCAROÇADOS	ROLO DE DESCAROÇAMENTO CROMADO/FIAPOS DESCAROÇADOS
Fibra curta, %	6.2	5.2
Tenacidade, g/tex (1/8 "stello gauge)	21.8	21.4
Alongamento	6.0	5.7
Micronaire	3.4	3.3
Folha	3.0	4.0
Área,%	0.60	0.7
Contagem do lixo	28	28
Estrada	67.7	67.8
+b	14.5	14.5
Grau de cor	24.4	24.4

Conclusões

A avaliação do impacto ambiental (AIA) foi efectuada para as máquinas agrícolas de descaroçamento de algodão. O principal objetivo do processo de avaliação do impacto ambiental (AIA) é incentivar o processo de planeamento e tomada de decisões de projectos de máquinas agrícolas de descaroçamento de algodão, que deve incluir considerações integradas de factores técnicos, económicos, ambientais, sociais, de sustentabilidade e outros. Três dos termos mais significativos são "inventário ambiental (IE)", "avaliação do impacto ambiental (AIA)" e "declaração de impacto ambiental (DIA)". A "Avaliação de Impacto Ambiental" (AIA) pode ser definida como a identificação, avaliação e criação sistemáticas dos potenciais impactos ambientais (efeitos) de projectos, planos, programas, políticas, leis ou acções legislativas propostas relativamente às componentes físico-químicas, biológicas, radioactivas, culturais e socioeconómicas do ambiente total. Foram realizados estudos e verificações no que diz respeito à previsão e avaliação dos impactos no ambiente atmosférico, no ambiente sonoro, no ambiente biológico, no ambiente visual, nas componentes históricas e socioeconómicas do ambiente total, incluindo a descrição do ambiente afetado ou a descrição do cenário ambiental sem o projeto. A maior parte das operações de descaroçamento do algodão é efectuada com máquinas de descaroçamento de rolo duplo (DR), que desempenham um papel importante nas fábricas de descaroçamento de algodão em caroço no Inda. Os rolos utilizados nestas fábricas são feitos de revestimentos de couro composto de cromo (CCLC) fixados a um eixo de ferro. Os revestimentos CCLC contêm cerca de 18 000 a 36 000 mg/kg (ppm) de partículas de crómio. Quando o algodão em caroço é processado na máquina de descaroçamento DR, o algodão em flocos é contaminado com poeiras de crómio de cerca de 140 a 1 990 ppm como crómio total, que é uma substância cancerígena contra os limites seguros de 0,1 ppm. Durante o processo de descaroçamento do algodão, devido à fricção persistente do couro CCLC sobre facas fixas e móveis, as partículas de crómio são arrastadas para o algodão em rama, de tal modo que os fios fiados contêm cerca de 100 a 200 ppm, o que, de acordo com as normas ecológicas aplicáveis aos fios fiados, não deve ser superior a 0,1 ppm. Os rolos CCLC utilizados nas máquinas de descaroçamento de algodão produzem poluição atmosférica e sonora no processo de descaroçamento. A reação humana à poluição sonora é logarítmica. Por conseguinte, as medições de ruído são expressas pelo termo "nível de pressão sonora" (SPL), que é o rácio logarítmico da pressão sonora em relação a uma pressão de referência e é expresso como uma unidade de potência sem dimensão, o decibel (dB). O nível de referência é 0,0002 microbar, o limiar da audição humana. A equação para SPL em decibéis "ponderados A", dBA, é dada a seguir:

$$SPL = 20 \log_{10} (P/ P)_0$$

Em que SPL = Nível de pressão sonora, dB

P = Pressão sonora, microbar ou um milionésimo de uma pressão atmosférica

P_o = Pressão de referência, 0,0002 microbar

Os níveis de pressão sonora destinam-se a servir de base para a avaliação dos limites de ruído ambiente e para a determinação e comparação de cenários de estudos espaciais.

O nível sonoro equivalente (Leq) é o nível sonoro equivalente em energia, em decibéis, para qualquer período de medição utilizando um sonómetro equivalente à energia sonora total medida durante um determinado período de tempo e é conhecido como nível sonoro médio no tempo (LAT). O sonómetro "M/S Bruel Kjaer tipo 2226" é utilizado para as medições do nível sonoro. O nível sonoro ponderado "A" é também designado por "nível sonoro".

$$\text{Total } L_{eq} = 10\log\left(10^{\frac{L_{eq}1}{10}} + 10^{\frac{L_{eq}2}{10}} + 10^{\frac{L_{eq}3}{10}} + \ldots + 10^{\frac{L_{eq}n}{10}}\right)$$

O dispositivo de experimentação de rolos de descaroçamento (GRED) foi utilizado para experimentar o rolo de revestimento de couro composto com crómio (CCLC) e o rolo ecológico de tecido de algodão com borracha sem crómio (RCF) em fábricas de descaroçamento de algodão. O descaroçador de rolo simples de couro de morsa e o descaroçador de rolo duplo de M/S John Platt Brothers alias M/S Platt Bros & Co. Ltd., Oldham (1885) Figura abaixo.

A figura acima representa a "M/S Lummus Ginning Machinery", nos EUA, para o descaroçamento em rolo do algodão de semente de Pima, utilizando a tecnologia Walrus Leather Roller Ginning (1907). O descaroçador de rolos é utilizado com algodão de fibras longas. O rolo captura o cotão de algodão, uma lâmina de faca colocada perto do rolo remove as sementes, puxando-as através de dentes em serras circulares e escovas rotativas que as limpam. Os descaroçadores de rolos duplos produzem uma capacidade reduzida de 30-35 kg de algodão em pluma por hora e um grande número de fábricas de descaroçamento são utilizadas na Índia para o algodão para sementeira de fibras curtas, médias e longas, com exceção dos algodões do Punjab, Haryana e Rajasthan. A fotografia em grande plano que se segue mostra a empresa M/S John Platt Brothers Platt Bros & Co. Ltd., Oldham, Reino Unido; descaroçador de um rolo (1920) e (a fotografia da esquerda mostra a maquinaria de descaroçamento de rolos) e Monfort M. Gladbach, Alemanha (a fotografia da direita mostra a maquinaria de descaroçamento de rolos).

Investiga-se a diferença entre os fabricantes indianos de máquinas de descaroçamento de rolos que incorporaram anilhas de rolos CCLC em vez de revestimentos de morsas estrangeiras, como observado nos descaroçadores de rolos duplos Platt do Reino Unido e Monfort da Alemanha.

Os rolos de tecido de algodão emborrachado com anilhas de rolos de borracha branca têm sido utilizados com êxito pelos fabricantes de máquinas de descaroçamento dos EUA há mais de 45 anos, de acordo com a referência da publicação do autor "Vijayan Gurumurthy Iyer", *com o subtítulo "Eco-Friendly Rubberized Cotton Fabric Roller Development for Cotton Roller Gins,* Journal of Agricultural Safety and Health (ISSN 1074-7583), American Society of Agricultural and Biological Engineers (ASABE), Volume 13, Número 1, janeiro de 2007, pp. 33-43, RG Journal impact 0.2, (RG Journal impact 0.79) com o endereço Web do identificador de objeto digital ". 33-43, impacto da revista RG 0,2, (impacto da revista RG 0,79) com o endereço do sítio Web do identificador de objeto digital https://doi.org/10.13031/2013.22310 incluindo o endereço do sítio Web da ASABE: https://www.asabe.org/JASH'.

No entanto, os actuais descaroçadores de rolos fabricados por empresas indianas e estrangeiras incorporam geralmente materiais CCLC. O nível de ruído em dBA (poluição atmosférica), a potência total, o consumo de energia e o desgaste dos rolos foram objeto de experiências no que respeita à emissão de ruído de impulso e à emissão de ruído contínuo. O nível de ruído está relacionado com a potência total de saída do descaroçador mecânico. O ruído das máquinas de descaroçamento de algodão-semente é a energia mecânica transmitida pelas peças vibratórias do batedor, pela lâmina em movimento e pela série cíclica de compressões e rarefacções das moléculas do revestimento da semente e do pó de algodão-semente através do qual passa o algodão-semente (ou Kapas). O Bruel Kjaer tipo 2226 é um sonómetro da escala "A" que tem sido utilizado para a medição, monitorização e controlo do ruído ambiente nas indústrias de descaroçamento. O som comum da maquinaria de descaroçamento em funcionamento tem um ruído ambiental acústico de 103 decibéis, em comparação com a gama moderada segura de 50-60 decibéis. Ou seja, a pressão sonora em microbar é de 2.000 e o SPL em dBA é de 103. Verificou-se que o nível de ruído nos descaroçadores ecológicos GRED da RCF foi consideravelmente reduzido para um intervalo do limite de ruído ambiental de 4 a 7 dB (A) devido à redução da frequência em hertz (Hz) ou número de ciclos por segundo e aos efeitos de amortecimento da RCF. A redução de 50% no peso dos rolos CCLC-RCF consome menos 25% de energia, o que representa uma poupança de energia três vezes menor em comparação com o descaroçador de rolos CCLC.

Uma vez que o crómio é uma poeira específica, os trabalhadores dos descaroçadores e das fábricas estão diretamente expostos a uma combinação de poeiras de algodão e de substâncias cancerígenas que provocam o cancro da bissinose e são vulneráveis aos riscos ambientais para a saúde. Para compensar este problema, foram fabricadas e experimentadas anilhas/rolos de tecido de algodão emborrachado (RCF) sem poluição, tanto para estudos laboratoriais como comerciais. Estes rolos sem crómio, amigos do ambiente, foram avaliados quanto ao seu desempenho, com especial referência aos aspectos técnico-comerciais e ambientais. Neste caso, o revestimento do rolo CCLC é feito de várias camadas de tecidos ligados entre si por meio de uma composição de borracha branca, que tem um acabamento superficial conducente a uma elevada eficiência de descaroçamento. Com base na conceção e no desenvolvimento de vários rolos e nos estudos de avaliação do desempenho subsequentes, foram demonstradas arruelas/rolos de CCLC isentos de poluição, tendo em conta os aspectos tecno-comerciais e ecológicos nas empresas de descaroçamento. Estes rolos RCF recentemente desenvolvidos foram bem sucedidos no seu funcionamento. O seu funcionamento foi considerado mais eficaz do que o dos descaroçadores de rolos CCLC. Eliminam os problemas de contaminação e poluição relacionados com o crómio. Esta tecnologia mais ecológica e mais limpa constitui uma medida preventiva de controlo na fonte, de modo a que as indústrias têxteis e de descaroçamento do algodão satisfaçam os requisitos de sustentabilidade, fornecendo produtos e serviços ao mesmo nível que os produzidos. As empresas de descaroçamento foram testadas comercialmente. Este produto foi considerado melhor em todos os aspectos, no que se refere às propriedades tecnológicas sustentáveis do algodão, às propriedades de captura de corantes e às propriedades físicas e químicas. Poderia ser utilizado comercialmente como alternativa nas actuais fábricas de descaroçamento de algodão em rolo, em benefício da sustentabilidade, do ambiente, da sociedade, dos proprietários de descaroçadores e fábricas têxteis, dos comerciantes, dos trabalhadores, dos empregados e do Governo.

Os rolos CCLC utilizados nas indústrias de descaroçamento são pulverizados durante a operação de descaroçamento e entram no ambiente como CSD. Verificou-se que os CSD contaminam o algodão e os seus produtos. Os níveis de contaminação por crómio do algodão e dos seus produtos eram elevados em todas as amostras, exceto nas amostras de algodão obtidas a partir de rolos de descaroçamento RCF de indústrias de descaroçamento ecológicas. De acordo com as normas ecológicas, o teor de crómio no algodão e nos seus produtos não deve ser superior a 0,1 ppm para o Cr (III) e zero para o Cr (VI). As amostras, nomeadamente o algodão em pluma, o fio, os tecidos, as sementes, o linter, o óleo comestível e o bagaço de óleo foram considerados contaminados e os seus teores situavam-se entre 110 e 1990 ppm, tendo sido obtidos a partir da fonte de poeiras da amostra de rolos CCLC de moagem que continha 18 077 a 30 783 ppm. O algodão descaroçado foi contaminado com 143 a 1990 mg/kg (ppm) de crómio e os tecidos com 17 a 45 ppm de crómio, contra o limite seguro de 0,1 ppm. A concentração de crómio na SPM e na RSPM situava-se entre 50 e 190 ppm. Os trabalhadores das fábricas e dos moinhos foram expostos a esta poluição por crómio e ficaram susceptíveis a riscos para a saúde, uma vez que os efeitos tóxicos são produzidos pelo contacto prolongado com compostos de crómio em suspensão no ar ou em estado sólido ou líquido, mesmo em pequenas quantidades.

Para evitar esta contaminação insegura com crómio e a poluição das indústrias de descaroçamento do algodão, foram concebidas e desenvolvidas alternativas ecológicas para análise laboratorial e produção comercial. Com base na conceção e no desenvolvimento de vários rolos e nos subsequentes estudos de avaliação do desempenho, foi demonstrada a utilização de um rolo RCF sem crómio nas indústrias de descaroçamento. Os rolos RCF recentemente desenvolvidos foram bem sucedidos e eficazes no seu funcionamento e no descaroçamento do algodão-semente. Uma análise económica revelou que o descaroçador de rolos RCF ecológico foi melhor em todos os aspectos ambientais, tecnológicos e comerciais do algodão. Esta tecnologia melhorada é suscetível de ser comercializada nas indústrias.

O tempo médio entre falhas (MTBF) do rolo RCF é 11 vezes superior ao MTBF do rolo CCLC, o preço elevado é compensado, uma vez que é durável até uma vida útil estimada de sete anos, em vez de apenas alguns meses dos rolos CCLC. Além disso, garante as seguintes vantagens.

(1) O rolo requer menos cuidados de manutenção, uma vez que a sua taxa de desgaste é reduzida

(2) Elevada eficiência de descaroçamento e produção de cerca de 1,25 vezes mais do que os rolos CCLC, porque o rolo desenvolvido feito de tecidos de algodão com borracha tem um acabamento de superfície conducente a uma elevada eficiência de descaroçamento,

(3) Poupança de energia de um terço em comparação com os descaroçadores de rolos CCLC devido à redução de 50 % do peso dos rolos.

(4) Observa-se que o nível de ruído nas fábricas de descaroçamento ecológicas é reduzido para um intervalo de 4 a 7 dB (A) devido às propriedades inerentes e aos efeitos de amortecimento,

(5) É possível obter algodão ecológico e respectivos produtos.

(6) A produção de mão de obra/hora é 240% superior, ou seja, o dobro da produtividade das empresas de descaroçamento CCLC, devido a um ambiente mais limpo.

(7) Os encargos médicos relativos ao tratamento dos trabalhadores afectados diminuem em dez vezes em comparação com as fábricas de descaroçamento CCLC.

Os descaroçadores ecológicos recentemente concebidos e desenvolvidos eliminam a contaminação por crómio e a poluição das indústrias de descaroçamento de algodão. Estes descaroçadores permitem o controlo da poluição na fonte, de modo a que as indústrias cumpram os requisitos das normas ambientais impostas por muitos países e produzam fios e tecidos de alta qualidade que satisfazem as normas internacionais. As indústrias ficarão livres de contaminação relacionada com o crómio e de problemas de poluição, bem como de riscos para a saúde ocupacional e não ocupacional. As fábricas de descaroçamento foram testadas comercialmente e consideradas melhores em todos os aspectos no que se refere aos parâmetros tecnológicos do algodão, às propriedades de captação de corantes e às propriedades físicas e químicas. Poderá ser utilizado comercialmente com êxito como uma alternativa melhorada nas indústrias de descaroçamento do algodão para um ambiente limpo, com benefícios para a sociedade, os proprietários da indústria, os comerciantes de algodão, os trabalhadores, os empregados e o Governo.

Recomendações

1. A maior parte das operações de descaroçamento do algodão são efectuadas com descaroçadores DR na Índia, África, China, Tanzânia e Egipto. Do algodão em rama obtido nas empresas de descaroçamento a rolo CCLC nestes países, é muito importante ter em conta o facto de o algodão em rama assim produzido estar contaminado com o metal pesado crómio, que produz efeitos nocivos para as pessoas que trabalham nas proximidades. Os fios e as sementes obtidos também estão contaminados com crómio. Por conseguinte, é imperativo tomar uma decisão política para substituir os rolos CCLC atualmente utilizados por rolos ecológicos concebidos e desenvolvidos neste projeto de investigação.
2. A indústria, o governo e as entidades reguladoras devem avançar para subsidiar este projeto, tendo em conta a tecnologia demonstrada.
3. É necessário que as autoridades reguladoras nacionais e internacionais tomem medidas urgentes para transferir esta tecnologia inovadora para as indústrias de descaroçamento do algodão, poupando assim o ambiente à contaminação e poluição inseguras pelo crómio.

Agradecimentos

O autor agradece a Shri. K.K. Pathak, I.A.S., Secretário-Chefe Adicional, Departamento da Educação, Governo de Bihar e Diretor-Geral, Bihar Institute of Public Administration & Rural Development (BIPARD), Gaya, Bihar, por ter dado a oportunidade de servir no BIPARD, Gaya, como Docente (Alterações Climáticas) durante o último ano, com efeitos de setembro de 2022 a setembro de 2023, e provando uma nova prorrogação por seis meses até março de 2024.

Referências

1. Bandyopadhyay, K. e Gangopadhyay, A. e Son, N.N. *(2000).* "Estudo de adsorção sobre cinzas volantes como recurso de resíduos para a remoção de crómio. "TCongresso Mundial sobre Procedimentos de Desenvolvimento Sustentável, Tata Mc Graw Publishers, Nova Deli, Vol. I, pp. 532-539 (2000),
2. Gillum, N., Marvis, A. *(1964).* "Properties of Roller Covering Materials", Departamento de Agricultura dos Estados Unidos (USDA), Boletim Técnico n.º 1490, Washington: pp.1-45, *1994.*
3. Lippman,M. *(1991*). "Book on Asbestos and Mineral Fibres". Elsevier Publishers, pp. 34-134, *1991.*
4. Lippman.M., U.S. Technical Bulletin No.135, National Institute of Occupational and Safety Hazard Standards, 1992, Washington D.C. (1992).
5. Rao, C.S. (1995). "Environmental Pollution Control Engineering". Wiley Eastern Ltd., Nova Deli, pp. 1-79, março de *1995.*
6. Rao, M.N. e Rao, H.V.N. (1989). "Air Pollution". Tata McGraw Hill Publishing Co. Ltd., Nova Deli, pp.35-56, *1989.*
7. Shete,D.G. e Sundaram,V. (1993). "Some Practical Hints for Better Ginning of Cotton with Roller Gins". ICMF Journal, *outubro, 1983.*
8. Instituto Shirley "Research Encyclopaedia-II". Manchester, Cotton Dust Hazards, Textile Series Memorics, pp. 23-56, *1982.*
9. Sujana, M.G. e Rao, S.B. (1997). "Crómio inseguro". Science Reporter, pp.27-30, Sep.1997.
10. Townsend J.S. Walton T.C. and Martin J. (1940) Roller Gin Construction, Operation and Maintenance, U.S. Department of Agriculture, Washington, USA.
11. Vijayan Iyer, G., Vizia, N.C. e Krishna Iyer, K.R. (*1993*). "A Simple Device to Prevent Backlash in Roller Gins. " Journal of Textile Association-pp. 129-130, setembro de 1993.
12. Vijayan Iyer, G. e Parthasarathy, M.S. *(1993).* "Algumas dicas práticas sobre pré-limpeza e descaroçamento". Indian Textile Journal, pp.28-32, outubro, 1993.
13. Vijayan Iyer G. (*1994).* "Estudo da folga em moinhos de rolos duplos". The Cotton Gin and Oil Mill Press, Texas, EUA, pp. 12-13 e 22, 25 de junho de 1994.
14. Vijayan Iyer, G. e Parthasarathy, M.S. *(1994).* "Conceção de uma ferramenta de ranhurar e do seu suporte para rolos de descaroçadores de rolos". Comunicação

apresentada e discutida no Seminário Nacional sobre Avanços Recentes na Tecnologia Têxtil e na Indústria Têxtil, realizado em simultâneo com a Nona Convenção Nacional de Engenheiros Têxteis em Bhopal, em 12 de novembro de 1994.

15. Vijayan Iyer. G. *(1995).* "Um resumo das investigações efectuadas sobre a pré-limpeza e descaroçamento de algodões indianos". *Resumo da investigação sobre processamento mecânico* divulgado no seminário sobre "Avanços recentes no processamento mecânico" realizado no CIRCOT, Bombaim, em 26 de abril de 1995.
16. Anap.G.R., Vijayan Iyer. G. e Krishna Iyer, K.R.*(1995-1996).* "A Resume of the Investigations Carried out on the Precleaning and Ginning of Indian Cottons". The Textile Industry and Trade Journal, n.º 1995-1996, pp. 101-104, 1995-1996.
17. Vijayan Iyer, G. *(1996)*. "Setting and Adjustments in saw Gin Stand for Improved Quality Cotton. "Journal of Textile Association - março de 1996, pp. 288, *1996.*
18. Vijayan Iyer, G. e Parthasarathy, M.S. *(1996).* "Design of a Mote Grooving Tool and Its Holder for Rollers of Roller Gins." Journal of Institution of Engineers (I), TX, Volume 77, *abril de 1996.*
19. Vijayan Iyer.G. *(1997).* Uma breve nota sobre o "Desenvolvimento de um rolo de descaroçamento sem poluição para indústrias de descaroçamento". novembro de 1997.
20. Vijayan Iyer.*G. (1997*). "Estudos sobre os efeitos ambientais e para a saúde dos rolos de couro revestidos a cromo com compostos, habitualmente utilizados pelas fábricas de descaroçamento de algodão e desenvolvimento de rolos de tecido de algodão com borracha sem poluição", M.Tech. Tese da Indian School of Mines, Dhanbad, dezembro de 1997.
21. Vijayan Iyer, G.*(1998*). "Pollution-free Rubberized Cotton Fabric Washer/Roller for Cotton Roller Gins". Patente registada em 12.5.1998 por notificação do Diário da República nº 276/Bom/98, 1998.
22. Vijayan Iyer, G. e Parthasarathy, M.S. *(1998).* "Ottai Ka Vikas / Desenvolvimento em descaroçamento". Journal of Institution of Engineers (I), Secção Hindi da Institution of Engineers (Índia), *1998.*
23. Vijayan Iyer.G. *(1998*). "Environmental and Health Effects of Chrome Composite Leather Clad Rollers Commonly Used by Cotton Roller Ginning Industries. " The Textile Industry and Trade Journal, julho de 1998.
24. Vijayan Iyer.G. *(1998*). "Environmental and Health Effects of Rollers Used in Ginning Industries" [Efeitos ambientais e na saúde dos rolos utilizados nas indústrias de descaroçamento]. " Journal of Textile Association, pp 87-94, julho-agosto de 1998.

25. Vijayan Iyer,G. (1999). "Descaroçamento do algodão e qualidade da fibra". The Textile Industry & Trade Journal, pp. 73-80, 1999.

26. Vijayan Iyer, G. (*1999*). "Contaminação insegura de crómio e poluição nas indústrias de descaroçamento de algodão". ENVIROCON 99, 15ª Convenção Nacional de Engenheiros Ambientais, 26-27 de novembro de 1999, Actas da Instituição de Engenheiros (Índia), 1999.

27. Vijayan Iyer, G. (*2000*). "Contaminação insegura com crómio e poluição nas indústrias de descaroçamento de algodão". Congresso Mundial sobre Engenharia de Desenvolvimento Sustentável e Desafios Tecnológicos do Século XXI. Jan. 20-23, Calcutá, Capítulo de Livro, Tata McGrew-Hill Publishing Co.Ltd. pp 118-140, 2000.

28. Vijayan Iyer, G., Gurdeep Singh e Saxena, N.C. (2001). "Environmental and Health Effects of Rollers Used in Cotton Roller Ginning Industries" Indian Journal of Environmental Protection, IJEP 21 (6): Vol.21, No.21, No.6, junho, 2001, pp. 499-507, junho, 2001.

29. Vijayan Iyer.G. e Gurdeep Singh. (*2002*). "Environmental Impact Studies of Chrome Rollers Used by Cotton Ginning Industries and Design and Development of Chrome Less RCF Roller." Environment, Pollution and Management Book Chapter No.3, A.P.H. Publishing Corporation, New Delhi
pp 75-86, 2002 e aceite para publicação no American Society for Agricultural Engineers Journal of Applied Engineering in Agriculture, USDA, 2002.

30. Vijayan Iyer, G., e Gurdeep Singh. (*2002*). "Processo de fabrico de fibra de algodão ecológica melhorada para melhores propriedades físicas e químicas / propriedades de captura de corantes". Patente registada, 2002.

31. G.Vijayan Iyer. (*2002*) . "Investigação e Desenvolvimento - Higiene Ambiental" Hindustan College of Engineering - Skroll, 2001-2002.

32. Vijayan Iyer G. (*2002*). "Environmental Impact Assessment of Chrome Rollers Used by Cotton Roller Ginning Industries" [Avaliação do Impacto Ambiental dos Rolos Cromados Utilizados pelas Indústrias de Descaroçamento de Algodão]. " Aceite para publicação no Journal of Cotton Gin and Oil Mill Press, Texas, EUA. (2002).

33. Vijayan Iyer. (*2002*). "Environmental Effects of Chrome Rollers Used by Cotton Roller Ginning Industries and Design and Development of Eco-friendly Alternative" Tese de doutoramento da Indian School of Mines, Dhanbad, setembro de 2002.

34. Vijayan Iyer, G. (*2002*). Uma carta referida pela SITRA sobre "Contaminação insegura de crómio e poluição nas indústrias de descaroçamento de algodão". Associação de Investigação Têxtil do Sul da Índia, 17 de julho de 2002
35. Vijayan Gurumurthy Iyer (2023). "Environmental Impact Assessment of Cotton Ginning Agricultural Machinery", Livro de Programa do AGREEMEET 2023 intitulado "International Meet on Agricultural Science and Technology" do Albedo Meetings Virtual Presentation London Time Zone (GMT +1) 12.50-13.20,
IST 17:20, 14 de agosto de 2023 Webinar, Programa Científico das reuniões Albedo, Vancouver, Canadá.
Endereço do sítio Web: https://www.albedomeetings.com/2023/agrimeet

PARTE-II

AVALIAÇÃO DO IMPACTO NA SAÚDE AMBIENTAL PARA O DESENVOLVIMENTO SUSTENTÁVEL-ESTUDOS DE CASO

Resumo

O processo de avaliação ambiental estratégica (AAE) pode ser definido, em termos gerais, como um estudo dos impactos de uma proposta de projeto, plano, projeto, política ou ação legislativa sobre o ambiente e a sustentabilidade. O significado do trabalho intitulado "Alterações Climáticas Ambientais Sustentáveis e Controlo" é principalmente confirmatório, uma vez que resolve problemas ambientais e sociais. Nesta investigação, o processo de AAE teve como objetivo incorporar factores ambientais e de sustentabilidade no controlo climático sustentável, como exemplo, o planeamento de projectos de processos de produção e fabrico e os processos de tomada de decisões, tais como a formulação de projectos e a avaliação de contactores biológicos rotativos para o tratamento de águas residuais, leito filtrante de gotejamento, peças biomédicas, biopolímeros marinhos, fábrica de eléctrodos anões Indo-Matsushita (vareta de carbono para bateria) em 1979, em Tada, ponte sustentável, estrada e estrutura de saneamento, edifício verde, central nuclear, fábrica de descaroçamento de rolos de algodão e betão, que incluiu políticas, programas, planos e acções legislativas. Materiais sustentáveis para aplicações em biopolímeros e bioplásticos O desenvolvimento de processos de fabrico é um tipo de desenvolvimento que satisfaz as necessidades do presente sem comprometer a capacidade e a eficácia das gerações futuras para satisfazerem as suas próprias necessidades. O processo de Avaliação do Impacto Ambiental (AIA) pode ser definido como o estudo sistemático dos potenciais impactos (efeitos) de projectos, planos, programas, políticas ou acções legislativas propostas relativamente às componentes físico-químicas, biológicas, biomédicas, culturais e socioeconómicas do ciclo de vida total do produto ambiental. O principal objetivo do processo de AIA é encorajar a consideração do ambiente no processo de planeamento de projectos de construção e de tomada de decisões da Organização (CPPDM) e chegar a acções compatíveis com o ambiente. O processo de controlo e alterações climáticas ambientais sustentáveis deve incluir a consideração integrada de factores técnicos ou de engenharia, económicos, ambientais, de segurança, de saúde, sociais e de sustentabilidade para alcançar a excelência empresarial de acordo com o cenário mundial pós-COVID-19. Antes do processo da Lei da Política Nacional do Ambiente (NEPA), em 1970, nos EUA, os factores técnicos e económicos dominavam os projectos de processos de fabrico a nível mundial. O objetivo do estudo é concetualizar um módulo de curso de formação que incorpore o processo de AAE para as Alterações Climáticas e o Controlo Ambiental Sustentável para os funcionários do Bihar Institute Public Administration and Rural Develeopment (BIPARD), Patna, Bihar, Índia, durante o Ano de Investigação (RY) 2022-2023. O desenho do estudo é transversal. A limitação ou recomendação do estudo e da verificação é a aplicação do processo de avaliação ambiental estratégica para as alterações climáticas ambientais sustentáveis e o controlo no sentido do desenvolvimento sustentável.

PALAVRAS-CHAVE: clima, impacto, ambiente, processo, sustentabilidade.

Introdução

A legislação do processo de AIA foi estabelecida em 1970 com a promulgação da Lei da Política Nacional do Ambiente (NEPA) nos EUA [1]. Esta foi a primeira vez que o processo de AIA se tornou um instrumento oficial no sector da indústria transformadora para proteger o ambiente. Três dos termos mais importantes no cumprimento dos requisitos do processo NEPA são "inventário das alterações climáticas ambientais e de controlo", "processo de avaliação do impacto das alterações climáticas ambientais e de controlo" e "declaração de impacto das alterações climáticas ambientais e de controlo". Os EIA de conceção de estruturas ambientais sustentáveis foram propostos para proteger o ambiente durante o ano de 1950 no Japão, Europa e América do Norte [2]. O objetivo do processo de AIA é incentivar a consideração do ambiente e da sustentabilidade no planeamento organizacional e no processo de tomada de decisões. Historicamente, a escolha dos projectos, políticas, planos, programas, licenças, procedimentos ou legislações propostos baseava-se essencialmente num único critério, a viabilidade económica. Atualmente, é necessário considerar três critérios de viabilidade económica, ambiental e social. O ambiente associado à gestão da qualidade (EQM) é uma abordagem complexa de gestão do processo de fabrico de materiais sustentáveis para aplicações em biopolímeros e bioplásticos, que foi a área de investigação visada para alcançar a melhoria socioeconómica e a sustentabilidade com base nos estudos de viabilidade da abordagem tripla (económica, ambiental e social).

Materiais e métodos

O processo de AAE é um processo previsível que se divide em duas fases. A primeira fase é denominada avaliação inicial do ambiente e da sustentabilidade (IESE) e a segunda fase é o estudo do impacto ambiental e da sustentabilidade (ESIS). O IESE foi realizado para o projeto, plano, programa, política, autorização, procedimento e ação legislativa propostos pela empresa japonesa Matsushita Carbon na Índia, a fim de determinar se os efeitos potencialmente adversos sobre o ambiente e a eficácia da sustentabilidade no que respeita ao ambiente físico, químico, biológico, biomédico, económico, socioeconómico e à saúde e bem-estar humanos são significativos ou se podem ser adoptadas medidas de atenuação para reduzir ou eliminar os impactos ambientais e de sustentabilidade adversos. O procedimento pormenorizado de AAE pode ser designado por ESIS, que foi aplicado para identificar e avaliar as consequências ambientais e de sustentabilidade, tanto os impactos benéficos como os adversos, a fim de garantir que os impactos ambientais e de sustentabilidade foram tidos em consideração no processo de planeamento e de tomada de decisões da organização. O processo de AAE foi concebido para identificar e prever os potenciais impactos do ambiente físico, biológico, biomédico, marinho, ecológico, socioeconómico, cultural e sobre a saúde e o bem-estar humanos, de forma a protegê-los adequadamente. A seguir, são apresentados alguns dos métodos e técnicas aplicados para a formulação e avaliação de projectos sustentáveis dos alunos de extensão da BIPARD e para a conceção de vários projectos, tais como o projeto de elétrodo anão (vareta de carbono para bateria), a central nuclear e o projeto de processo de fabrico de materiais sustentáveis para aplicações em biopolímeros e bioplásticos.

1. Pareceres de peritos e opiniões das partes interessadas
2. Lista de controlo e matrizes
3. Análise multi-critério
4. Comparações de casos
5. Modelos de simulação
6. Software e sistema de informação
7. Questionários
8. Discussões em grupo
9. Abordagem Delphi
10. Fluxogramas e árvores de decisão
11. Análise de contingências
12. Sobreposições
13. Lógica difusa

Os requisitos de conformidade ambiental e de sustentabilidade foram identificados e avaliados de forma sistemática nestes projectos.

1. Estrutura por etapas do processo de AAE

O processo de AAE foi discriminado nas nove etapas seguintes.

1. Actividades preliminares e decisão sobre os Termos de Referência (TdR)
2. Delimitação do âmbito

3. Estudo dos dados de base
4. Avaliação ambiental estratégica e avaliação,
5. Avaliação de medidas alternativas
6. Avaliação de medidas alternativas
7. Preparação dos documentos finais
8. Tomada de decisões
9. Oportunidades de monitorização, medição e controlo para a transformação de recursos e a implementação de projectos e o seu processo de avaliação ambiental estratégica.

2. Quadro concetual para o rastreio e definição do âmbito do processo de AAE

Os processos de seleção e de delimitação do âmbito são os elementos utilizados nos processos de AAE (Figura 1).

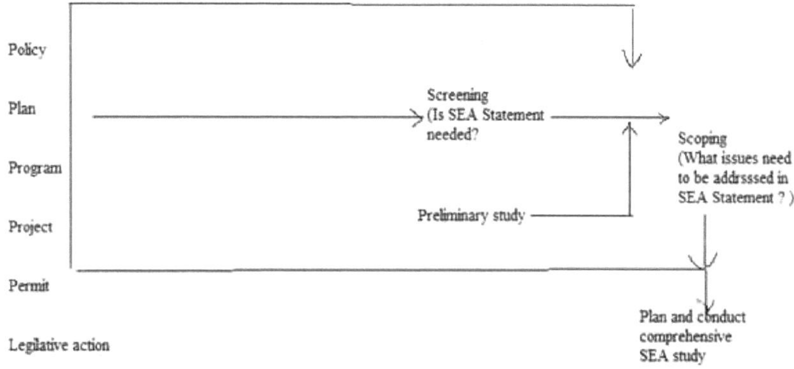

Figure-1: Conceptual Framework for Screening and Scoping Processes of SEA Process

Os três elementos mais significativos são: "Inventário de avaliação ambiental estratégica, avaliação do impacto ambiental, declaração de avaliação estratégica do impacto ambiental. Os recursos sustentáveis durante o planeamento do processo de fabrico e o processo de tomada de decisões devem incluir a consideração integrada de factores técnicos, económicos, ambientais, sociais, de segurança, de saúde e de sustentabilidade (Figura 2).

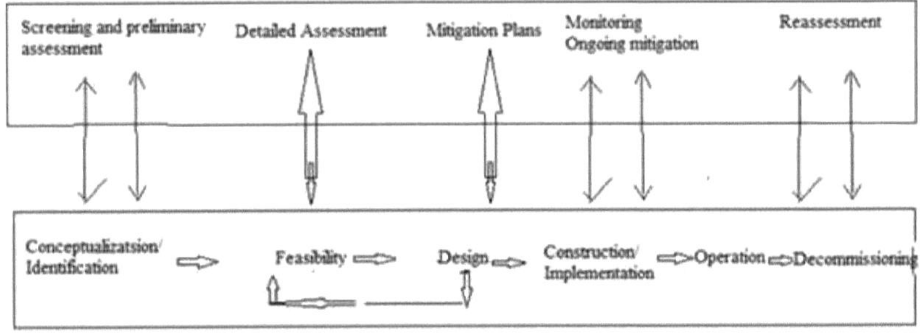

Figure-2: Strategic Environmental Assessment (SEA) Process at Different Phases of Project Life Cycle Assessment

3. Plano de Gestão da Avaliação Ambiental Estratégica (SEMP)

Um plano de gestão de avaliação ambiental estratégica é um plano detalhado e um calendário de medidas para minimizar e mitigar quaisquer potenciais impactos ambientais e de eficácia sustentável. O SEMP deve consistir num conjunto de medidas de medição, monitorização, controlo (mitigação) e institucionais a tomar durante a implementação e operação dos projectos propostos para eliminar impactos ambientais e de sustentabilidade adversos, compensá-los ou reduzi-los a níveis aceitáveis. O processo de avaliação ambiental estratégica visa incorporar considerações ambientais e de sustentabilidade no planeamento estratégico e nos processos de tomada de decisão da formulação e avaliação do projeto. As AIA internacionais são considerações importantes no planeamento do projeto e no processo de tomada de decisões. Tem sido imperativo considerar as AIA internacionais no projeto concreto para atenuar o problema do aquecimento climático induzido pelo CO_2 e o problema da destruição da camada de ozono estratosférica. O processo internacional de AIA é uma gestão ambiental potencialmente boa [2].

Resultados e discussões

O processo de Avaliação do Impacto na Saúde Ambiental (EHIA) foi conduzido para centrais nucleares, a fim de considerar os impactos na segurança e na saúde para mitigar as cargas psicológicas na saúde dos trabalhadores e dos residentes próximos. O processo de Avaliação de Impacto Social (AIS) pode ser definido como a identificação e avaliação sistemáticas dos potenciais impactos sociais (efeitos) de projectos, planos, programas ou acções legislativas propostos, de modo a que a consideração social seja encorajada no processo de CPPDM e a chegar a acções que sejam socialmente compatíveis com um projeto de saneamento sustentável. O processo de AAE preocupa-se com os efeitos ambientais e de sustentabilidade no processo CPPDM e chega a projectos, planos, programas e acções legislativas propostos que são compatíveis com as questões ambientais e de sustentabilidade. O processo internacional de AIA exigiu uma abordagem multidisciplinar que foi conduzida numa fase muito precoce do projeto japonês Matsushita Carbon Rod em 1982 para a avaliação ambiental estratégica. O documento destaca o processo de AAE realizado para determinados projectos que se baseiam na abordagem de funcionamento e processo e em estudos associados para o desenvolvimento sustentável. A análise ambiental do ciclo de vida dos produtos de engenharia civil (ACV) foi efectuada para identificar e medir o impacto dos produtos industriais de engenharia civil no ambiente e a sua eficácia sustentável, utilizando métodos de balanço de massa e energia. A ACV considera as actividades relacionadas com as matérias-primas, a transformação, os materiais auxiliares, o equipamento, o método, o mercado, a mão de obra, a produção, a utilização, a eliminação e o equipamento auxiliar. No que diz respeito aos materiais sustentáveis para aplicações em biopolímeros e bioplásticos, a segurança do processo de fabrico diz respeito ao equipamento e materiais de proteção individual (EPI), que inclui vestuário, luvas, sapatos de segurança, capacetes, óculos de segurança, escudos, respiradores, aventais completos, cintos de segurança e outros artigos de segurança que têm de ser utilizados por um indivíduo. Este equipamento é importante para a proteção e segurança pessoal. É da responsabilidade do diretor e do supervisor garantir a sua utilização. A promulgação da lei relativa à indemnização dos trabalhadores e da lei relativa às doenças profissionais aumentará substancialmente o custo dos seguros para a indústria. O aumento do custo e a certeza com que é aplicado irão aumentar o prémio do trabalho de prevenção de acidentes. Este custo pode ser substancialmente reduzido através da instalação de dispositivos de segurança. A experiência de investigação em gestão de processos de fabrico de materiais sustentáveis para aplicações em biopolímeros e bioplásticos demonstrou que cerca de 80% de todos os acidentes industriais são evitáveis. Os processos EIA e EHIA foram conduzidos para uma central nuclear para considerar os impactos na segurança e na saúde, a fim de mitigar as cargas psicológicas na saúde dos trabalhadores e dos residentes próximos. O sistema de AAE é um elemento potencialmente útil para uma boa gestão ambiental e para o desenvolvimento sustentável; no entanto, tal como é atualmente praticado nas indústrias de processos de fabrico de materiais sustentáveis para aplicações em biopolímeros e bioplásticos, está longe de ser perfeito. Nas indústrias de transformação de materiais sustentáveis para aplicações em biopolímeros e bioplásticos, a tónica deve ser colocada na manutenção da viabilidade económica da operação, ao mesmo tempo que se tem o cuidado de preservar a sustentabilidade ecológica e social do país. O processo internacional de AIA exigiu uma abordagem multidisciplinar que foi conduzida numa fase muito precoce do tratamento de águas residuais, rodando contactores biológicos, leito de filtro de gotejamento, peças biomédicas, biopolímeros marinhos, projeto de elétrodo Indo-Matsushita Midget em 1982 em Tada para sustentabilidade técnica, económica, ecológica e social. A limitação ou recomendação é a aplicação do processo de avaliação ambiental estratégica para biopolímeros ambientais sustentáveis e materiais bioplásticos para o desenvolvimento sustentável.

Durante os últimos dois séculos, devido à rápida urbanização e industrialização, juntamente com o avanço da ciência, da engenharia e da tecnologia dos materiais sustentáveis para o processo de fabrico de aplicações de biopolímeros e bioplásticos, verificaram-se desenvolvimentos consideráveis no sector dos materiais sustentáveis para o processo de fabrico de aplicações de biopolímeros e bioplásticos, com o consequente desperdício de um grande número de recursos e um enorme stress ambiental. Posteriormente, percebeu-se que havia muitos impactos adversos no ambiente e na sociedade. Estes materiais não sustentáveis para o desenvolvimento de processos de fabrico de aplicações de biopolímeros e bioplásticos têm sustentado o crescimento ambiental. A sustentabilidade da conceção e do desenvolvimento, a qualidade de vida, a segurança na Terra e a melhoria contínua dos processos do nosso ambiente são da maior importância. O desenvolvimento de processos de fabrico de materiais sustentáveis para aplicações em biopolímeros e bioplásticos significa um tipo de desenvolvimento de processos de fabrico de materiais sustentáveis para aplicações em biopolímeros e bioplásticos que deve ser efectuado sem danos para o ambiente. Assim, as agitadas actividades de desenvolvimento de processos de fabrico de materiais sustentáveis para aplicações em biopolímeros e bioplásticos durante os últimos dois séculos causaram impactos ambientais e sociais consideráveis. Estes impactos foram medidos, monitorizados e atenuados pelo processo internacional de avaliação do impacto ambiental (Figura 3).

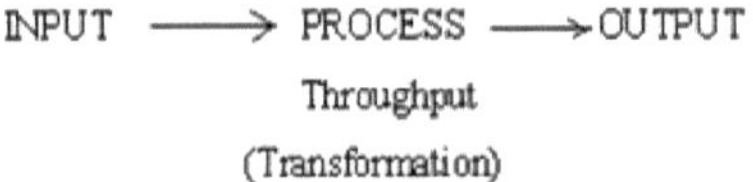

Figure-3 : Construction Management by Process Approach

As AIA internacionais são importantes no planeamento de projectos internacionais e no processo de tomada de decisões que atenua os potenciais impactos ambientais em mais de um país. A utilização de materiais sustentáveis para aplicações em biopolímeros e bioplásticos, a tecnologia e a gestão dos processos de fabrico em questões ambientais e de sustentabilidade em dois domínios são o desenvolvimento sustentável com problemas globais e as tecnologias de prevenção concebidas para reduzir os efeitos ambientais dos produtos e processos (Figura 4).

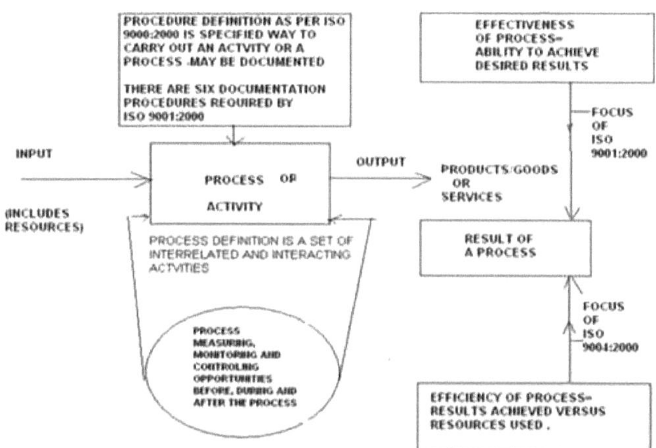

Figure-4: Schematic Diagram of a Construction Process

A integração da proteção ambiental e do desenvolvimento económico é o instrumento de avaliação ambiental estratégica mais importante para alcançar o desenvolvimento sustentável (Figura 5)

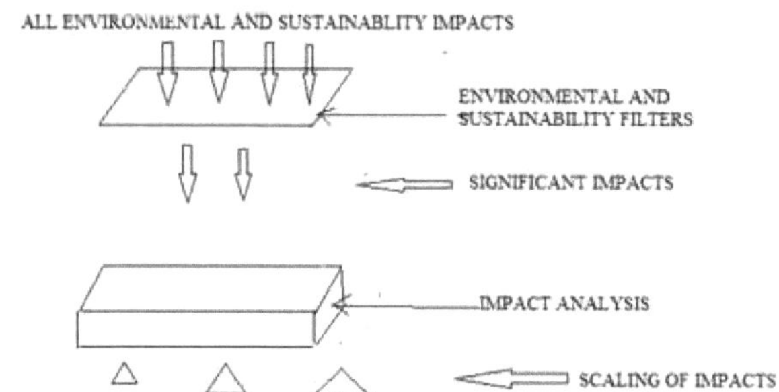

Figure - 5: Procedure for finding out the Significance of Environmental and Sustainabilty Effects

O planeamento do projeto e a tomada de decisões devem incluir a consideração integrada de factores de engenharia ou técnicos, económicos, ambientais, éticos e sociais. Um projeto de eléctrodos anões foi tomado como um estudo de caso para o processo de avaliação ambiental estratégica (Figuras 5 e 6).

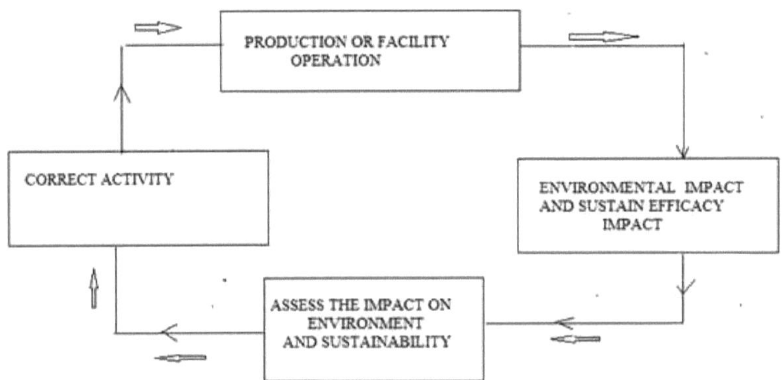

Figure-6: Environmental and Sustainability entitled" After-the -fact" evaluation

O processo internacional de AIA foi concebido para a conceção do projeto de eléctrodos anões sustentáveis e de materiais sustentáveis para o processo de fabrico de aplicações de biopolímeros e bioplásticos, a fim de identificar e prever os efeitos potenciais do ambiente físico, biológico, biomédico, marinho, ecológico, socioeconómico, cultural e sobre a saúde e o bem-estar humanos, que são adequadamente protegidos. As declarações de impacto ambiental (DIA) foram preparadas para o projeto, tendo em conta os factores ambientais e socioeconómicos relativos ao desenvolvimento e a outras acções propostas. Por conseguinte, o sistema de AIA é uma componente potencialmente útil de uma boa gestão ambiental [2].

Na indústria de curtumes, a contaminação ambiental e a poluição pelo crómio ultrapassaram os limites de segurança, o que afecta gravemente a vida na Terra. As emissões tóxicas das indústrias, as centrais térmicas, a poluição causada pela fundição, a poluição causada pelos gases de escape dos automóveis nas grandes áreas metropolitanas e o smog fotoquímico têm envenenado a atmosfera para além dos níveis admissíveis, causando graves riscos para a saúde. A poluição atmosférica causa impactos ambientais, sanitários e sociais adversos. A eliminação irresponsável de resíduos industriais não tratados nas minas de cromite de Odessa e de outros resíduos radioactivos nas centrais nucleares, de materiais sustentáveis para aplicações de biopolímeros e bioplásticos, de resíduos de processos de fabrico, de resíduos sanitários, de resíduos perigosos, de resíduos sólidos urbanos, de resíduos agrícolas e de resíduos domésticos contaminaram e poluíram a água, o solo e a terra para além dos limites toleráveis, o que afecta negativamente a fertilidade da terra, a qualidade da água, a vegetação e a vida aquática e marinha. Esta situação está a revelar-se cada vez mais perigosa, uma vez que este desenvolvimento prejudica continuamente o ambiente, nomeadamente o degelo dos glaciares, as alterações climáticas, a emissão de tetracloreto de carbono, a emissão de gases com efeito de estufa e a destruição da camada de ozono. Por exemplo, devido ao aumento contínuo da concentração de CO_2 na atmosfera devido às emissões industriais de cerca de 382 ppm, o que conduz a alterações climáticas. Esta diminuição dos glaciares contribui para cerca de 29,5 % da subida média do nível do mar desde 1991. Prevê-se que as reservas de água armazenadas nos glaciares diminuam. Para além de contaminarem e poluírem o ar, a água, o solo e a terra, as actividades tecnológicas intensivas conduzem ao esgotamento dos recursos naturais.

Isto deve ter sido necessário para colocar a nossa energia e capacidade intelectual em sintonia, de modo a podermos responder eficazmente ao desafio sem grandes perturbações, bem como sem comprometer a subsistência de uma geração futura com as suas necessidades. O desenvolvimento teria ocorrido sem danos para o ambiente e sem grandes perturbações, e o processo de urbanização e industrialização teria ocorrido de forma sustentável, utilizando os recursos de forma eficiente. Agora, estes problemas ambientais são os actuais desafios ambientais e oportunidades de melhoria. Para superar esses problemas ambientais, serão necessárias soluções, tecnologias, processos e produtos novos e mais eficientes, além de mudanças comportamentais.

A tecnologia de baixo carbono e energeticamente eficiente dos materiais sustentáveis nas indústrias transformadoras pode contribuir para atenuar o impacto do crescimento económico no aquecimento global (Figura 7). O resultado é a produçao de produtos e serviços ecológicos que apresentam vantagens ambientais com bom desempenho e preços mais baixos. Os objectivos duplos da conceção ecológica são a prevenção de resíduos e uma melhor gestão dos materiais, como ilustrado na Figura 7.

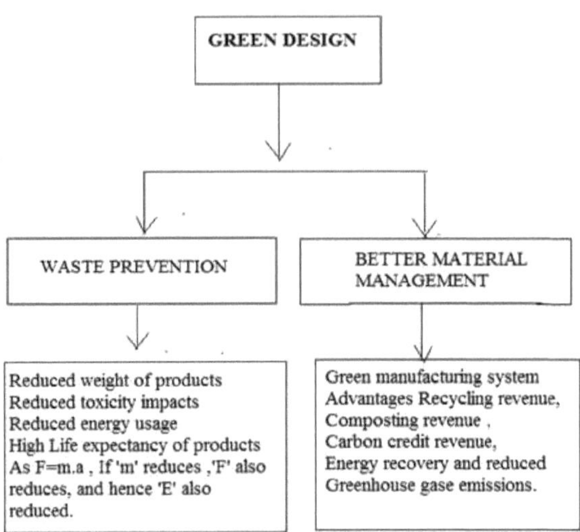

Figure 7 : Dual Goals of Green Design and Manufacturing Process

A conceção e os materiais sustentáveis para o processo de fabrico de edifícios ecológicos reduziram consideravelmente os impactos ambientais associados ao fabrico, utilização e eliminação.

Antes da promulgação da Lei da Política Nacional do Ambiente em 1970 nos EUA, apenas os factores técnicos ou de engenharia e económicos dominavam o processo de planeamento e de tomada de decisões na maior parte dos projectos, planos, programas, licenças, políticas e acções legislativas mundiais. De acordo com os resultados da investigação, o planeamento do projeto e o processo de tomada de decisões devem incluir a consideração integrada de factores de engenharia ou técnicos, económicos, ambientais, de segurança, éticos, sociais e de sustentabilidade. Esta importante consideração pode ser referida como o "Conceito dos Quatro Es e 1 S" no planeamento organizacional e no processo de tomada de decisões. Existem princípios e ferramentas ecológicos e biogeoquímicos, tais como fluxos de energia e ciclos de materiais, rácios de elementos, balanço de massa e energia, ciclos de elementos, avaliação ambiental do ciclo de vida dos produtos (LCA) (Figura 8), que estão disponíveis para resolver os principais problemas ambientais que enfrentamos atualmente no nosso mundo, tais como o aquecimento global, as chuvas ácidas, a poluição ambiental e o aumento dos gases com efeito de estufa.

1. Análise ambiental do ciclo de vida do produto (LCA)

A análise ambiental do ciclo de vida dos produtos de engenharia civil (ACV) é utilizada para identificar e medir o impacto dos produtos industriais no ambiente e manter a eficácia utilizando métodos de balanço de massa e energia (Figura 8). A ACV considera as actividades relacionadas com a extração de matérias-primas, materiais auxiliares, produção de equipamento, utilização, eliminação e equipamento auxiliar [3].

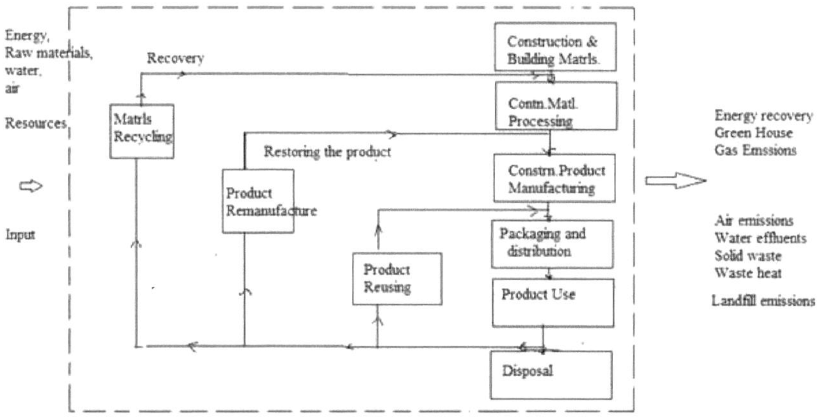

Figure - 8: Construction Product environmental lifecycle analysis (LCA)

2. Processo de avaliação do impacto na saúde ambiental (EHIA) para projectos de centrais nucleares

Para materiais sustentáveis no desenvolvimento de processos de fabrico

Nesta investigação, é proposto um processo de avaliação do impacto na saúde ambiental (EHIA) para o projeto de uma central nuclear durante a fase de fabrico de materiais sustentáveis e amigos do ambiente, a fim de abordar os impactos psicológicos na saúde dos trabalhadores e dos residentes nas proximidades. A avaliação do impacto sobre a saúde ambiental pode ser definida como a identificação e avaliação sistemáticas dos potenciais impactos ou efeitos sobre a saúde ambiental dos projectos, planos, programas, políticas ou acções legislativas propostos no domínio da energia nuclear, relativamente às componentes físico-químicas, biológicas, biomédicas, marinhas, culturais e socioeconómicas do ambiente total. Atualmente, existem mais de quatrocentas e trinta e sete centrais nucleares situadas no mundo. Vale a pena mencionar que nenhum dos projectos, planos, programas, políticas ou acções legislativas no domínio da energia nuclear no mundo tem práticas sustentáveis na condução do processo EHIA. As centrais nucleares produzem eletricidade utilizando o calor gerado nos reactores de água pressurizada, onde ocorre a reação nuclear. Durante a fase do processo de fabrico de materiais sustentáveis para aplicações em biopolímeros e bioplásticos, as centrais nucleares utilizam urânio-235, tório-232 e plutónio-239 como combustíveis em reactores nucleares que provocam a fissão nuclear. Nessa altura, a quantidade abundante de dose de radiação devido à poluição radioactiva que se escapava na ordem de cerca de 120 mil milhões de Becquerel (120 GBq) a 240 mil milhões de Becquerel (240 GBq), ou seja, 50 gramas a 100 gramas, de actividades de radiação, nomeadamente alfa (α), beta (β) e gama (γ), contra os limites seguros de 0,1 Bq/l ou Bq/kg (ppm) no interior, no ar e na água, quando se procedia ao funcionamento, à reparação e à manutenção de combustíveis nucleares antigos substituídos por novos combustíveis. As elevadas exposições à poluição radioactiva prejudicam a saúde mental e causam encargos psicológicos aos trabalhadores e aos residentes nas proximidades. De acordo com um inquérito sobre o impacto psicológico na saúde realizado pelo autor numa central nuclear em Quinson, na China, foram investigadas perturbações psicológicas graves, incluindo envenenamento radioativo, depressão e stress pós-traumático, em 49% dos residentes nas proximidades e em torno de 82% das centrais nucleares do mundo (Convenção Mundial de Engenheiros, Xangai, China-2004). As cargas de impacto na saúde psicológica devidas ao ambiente radioativo nos trabalhadores e nos residentes próximos foram estudadas nesta investigação durante a fase de ensaio utilizando modelos de simulação em computador. A avaliação do impacto na saúde psicológica (PHIA) dos trabalhadores e dos residentes próximos foi abordada para atenuar as cargas de impacto na saúde psicológica dos trabalhadores e dos residentes próximos.

3. Processo de Avaliação do Impacto na Saúde Ambiental (EHIA) para o Desenvolvimento Industrial Sustentável

Nesta investigação, o processo de avaliação do impacto ambiental foi investigado nas indústrias de descaroçamento de algodão de duplo rolo (DR) que utilizam anilhas revestidas de couro composto de crómio (CCLC) e na conceção e desenvolvimento de uma alternativa ecológica. O objetivo é avaliar os impactos na saúde ambiental das indústrias indianas de descaroçamento do algodão. A maior parte das operações de descaroçamento do algodão é efectuada com máquinas de descaroçamento DR, que desempenham um papel importante nas indústrias indianas de descaroçamento do algodão. Os rolos utilizados são feitos de revestimento CCLC fixado a um eixo. Quando o algodão em caroço é processado na máquina de descaroçamento

DR, o algodão em rama é contaminado com pó de crómio hexavalente de cerca de 140 a 1990 mg/kg (ppm), que é uma substância cancerígena, contra os limites seguros de 0,1 ppm. Durante o processo de descaroçamento do algodão, devido à fricção persistente do CCLC sobre a faca estacionária, as partículas de crómio são adsorvidas no algodão em rama, de tal modo que os fios fiados e os tecidos ficam contaminados com cerca de 100 a 200 ppm, o que, de acordo com as normas ecológicas da Organização Mundial de Saúde (OMS), não deve ser superior a 0,1 ppm. Os rolos CCLC utilizados nas máquinas de descaroçamento de algodão ficam em pó durante o processo de descaroçamento. Como o crómio é uma nuvem de poeira específica, os trabalhadores dos descaroçadores e das fábricas e os residentes estão diretamente expostos a esta substância cancerígena e são vulneráveis aos riscos ambientais para a saúde. Para compensar este problema, foram fabricadas e experimentadas máquinas de lavar/rolos ecológicos sem poluição, tanto para estudos laboratoriais como comerciais. O inventário de saúde ambiental (EHI) serve de base para avaliar os potenciais impactos na saúde ambiental, tanto benéficos como adversos, de uma ação proposta. A declaração de impacto na saúde ambiental (EHIS) descreve a saúde ambiental afetada ou o contexto de saúde ambiental sem o projeto. A conceção e o desenvolvimento do EHI constituem uma etapa inicial do processo de AIS. Conclui-se que o processo de AIA deve ser realizado para determinados projectos, planos, programas, acções legislativas, políticas no planeamento do projeto e no processo de tomada de decisões.

4. Processo internacional de AIA

O processo internacional de AIA é um sistema de gestão ambiental (SGA) potencialmente bom. As normas 14000 e 9000 da Organização Internacional de Normalização (ISO) centram-se no Sistema de Gestão Ambiental (SGA) e no Sistema de Gestão da Qualidade (SGQ) de todos os tipos de organizações, para além das mais de 19500 normas publicadas. O Sistema de Gestão Ambiental (SGA) e o Sistema de Gestão da Qualidade (SGQ) foram incluídos separadamente na ISO. As normas do Sistema de Gestão Ambiental (SGA) aplicam-se aos conceitos do sistema de gestão das questões e oportunidades ambientais de uma organização [6]. Definem as características de um SGA que devem ser implementadas para garantir que a organização identifica e se concentra na melhoria das áreas em que tem impactos ambientais significativos. Este sistema pode ser integrado nas normas do Sistema de Gestão da Qualidade (SGQ) ISO 9000 para alcançar a excelência em termos de qualidade, bem como as obrigações ambientais. O objetivo geral do SGA é proteger o ambiente e prevenir a poluição para fabricar produtos e serviços ecológicos. O SGA centra-se nos principais factores de excelência do desempenho dos produtos e processos, bem como nas organizações que se concentram em fornecer valores aos clientes, nos processos operacionais internos e na aprendizagem do pessoal. Por conseguinte, esta abordagem sistémica da gestão ambiental permitirá alcançar a excelência no desempenho global da organização. No presente estudo, cerca de dois terços dos resíduos do processo de fabrico de materiais ambientais sustentáveis puderam ser recuperados devido à realização de programas de formação intensiva no local sobre processos de reciclagem e compostagem, em comparação com as práticas convencionais de gestão do processo de fabrico de materiais sustentáveis para aplicações de biopolímeros e bioplásticos, que apenas conseguiram recuperar 10 a 15% dos resíduos. Os materiais ambientais sustentáveis para os resíduos dos processos de fabrico são produzidos por materiais sustentáveis no sector dos processos de fabrico. O estudo procurou identificar e avaliar uma hierarquia especial de minimização de resíduos sólidos e perigosos para a gestão adequada dos resíduos de processos, incluindo a minimização da produção e o tratamento dos resíduos produzidos e a eliminação dos resíduos residuais. Foi incluído um estudo de caso sobre a produção de resíduos no processo de fabrico e as potenciais estratégias de gestão de resíduos para um grupo ou materiais sustentáveis genéricos e processos industriais específicos de origem. Todos os materiais para o processo de fabrico geram resíduos sob a forma de líquidos, sólidos ou gases. Alguns resíduos são considerados perigosos. A hierarquia de minimização de resíduos da gestão de resíduos está devidamente classificada do mais desejável para o menos desejável (Figura 9). 1. Eliminar a produção de resíduos - o mais desejável, 2. Reduzir a produção de resíduos - o mais desejável, 3. Reutilizar, recuperar ou reciclar materiais residuais - o mais desejável, 4. Tratar os resíduos para diminuir a quantidade e desintoxicar os resíduos sólidos perigosos e não perigosos - o menos desejável, 5. Eliminar os resíduos residuais - o menos desejável.

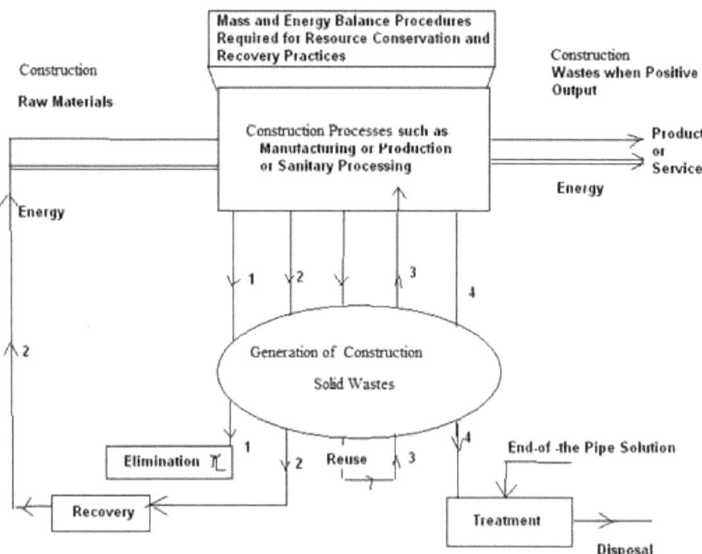

Figure- 9 : Schematic Representation of Constructional Process or Activity Showing Sustainable Construction Waste Management

A minimização de resíduos inclui apenas as hierarquias de eliminação, recuperação, redução, reutilização e reciclagem. A minimização de resíduos não inclui o tratamento de resíduos, nem a sua eliminação, ou seja, os pontos 4 e 5, porque se trata de estratégias tradicionais de controlo de resíduos que envolvem o tratamento e a eliminação, as chamadas soluções de fim de linha, que são dispendiosas e implicam o controlo de normas de descarga elevadas. As estratégias modernas de controlo dos resíduos envolvem os pontos 1, 2 e 3, que não exigem soluções de fim-de-linha para os problemas de gestão dos resíduos. A produção de resíduos sólidos e perigosos é a soma da recuperação de materiais e das devoluções. É apresentado um relatório sobre a auditoria de resíduos efectuada para materiais sustentáveis para a indústria transformadora, com vista à recuperação de dois terços dos resíduos sólidos urbanos (RSU) através de processos de reciclagem e compostagem (Figuras 10 e 11).

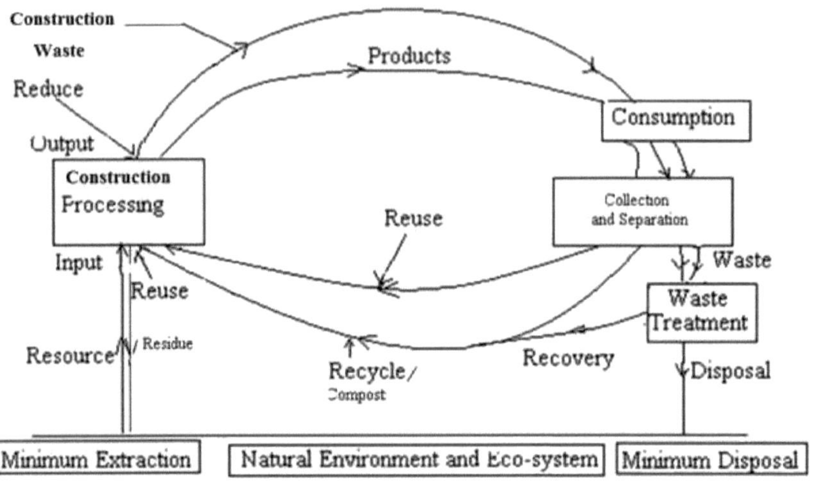

Figure -10 : Closed Loop-Shaped Green Economy for Sustainable Construction Waste Mgt.

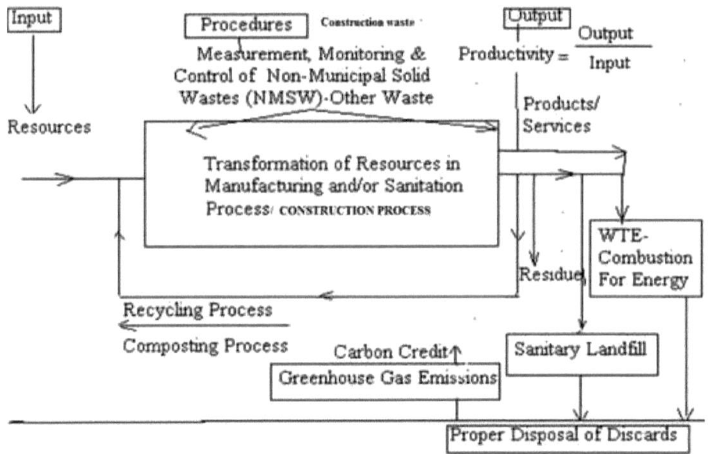

Figure - 11: Sustainable Construction Waste Management System

Para alcançar uma melhoria económica sustentável, os recursos naturais devem ser utilizados a um nível ótimo para maximizar a eficiência, de acordo com a análise dos resultados de mercados competitivos e sociais óptimos. A eficiência de um tipo de sistema económico sustentável é referida no modelo económico sustentável "*A.K*", que é o produto do nível do fator técnico ou de engenharia (A) e do capital (K). A melhoria económica sustentável é explicada por três factores que são apresentados a seguir

1. O aumento natural da acumulação do potencial de trabalho,

2. A acumulação de capital, ou seja, o dinheiro com que uma empresa é criada e gerida, e A dinâmica tecnológica sustentável pode ser designada por produtividade total dos factores (PTF) ou eficiência do processo de fabrico de materiais sustentáveis para aplicações em biopolímeros e bioplásticos.

Este impulso mantém a dinâmica de desenvolvimento do capital que emerge do processo de criação de empresas sustentáveis, produtos ou serviços ecológicos, novos métodos de produção e processos, novos materiais sustentáveis para a gestão do processo de fabrico e transporte, novos mercados e novas formas de materiais sustentáveis para aplicações em biopolímeros e bioplásticos organização do processo de fabrico.

A função de produção padrão (SPF) é expressa com base na abordagem operacional como

$$Y = f\,(C, L)$$

Em que Y=Produto, C=Capital e L=Trabalho

Uma vez que o conhecimento é um fator crucial para o crescimento económico,

A função de produção padrão (SPF) é modificada com base na abordagem do processo como

$$Y= A.\ f\,(X1, X2, X3, X4, X5, X6)$$

"A" representa conhecimentos sobre materiais sustentáveis para engenharia de processos de fabrico ou fator técnico,

Y= Saída,

Os elementos de entrada são, nomeadamente, mão de obra, maquinaria, materiais, método, dinheiro e mercado, designados por X1, X2, X3, X4, X5, X6

f = Função de produção padrão e Processo .

De acordo com a função de produção padrão dada, o conhecimento é uma variação de produção decisiva, é necessário um nível de inovação sustentável no sistema técnico ou de engenharia. A solução é o desenvolvimento de materiais sustentáveis para aplicações de biopolímeros e bioplásticos nas indústrias de processos de fabrico.

5. Importância para a realização da avaliação do impacto ambiental (AIA) e da gestão

Estudo dos materiais sustentáveis durante os projectos de processos de fabrico Historicamente, a escolha de novos projectos de processos de fabrico de materiais sustentáveis para aplicações de biopolímeros e bioplásticos baseava-se essencialmente num critério de viabilidade económica. Atualmente, o segundo e o terceiro critérios de escolha, que são o impacto ambiental e social, tornaram-se uma referência forte, pelo que se optou por uma abordagem tripla que inclui factores económicos, ambientais e sociais para a viabilidade do projeto de materiais sustentáveis para aplicações em biopolímeros e bioplásticos no processo de fabrico. O processo de Avaliação do Impacto Ambiental (AIA) é uma identificação e avaliação sistemáticas dos efeitos potenciais dos projectos, planos, programas, planos ou acções legislativas propostos relativamente às componentes físico-químicas, biológicas, biomédicas, marinhas, culturais e socioeconómicas do ambiente total.

5.1 Passos para a realização da avaliação e gestão do impacto na saúde ambiental

Etapa 1: Identificação das características quantitativas e qualitativas do produto em causa

ambiente do projeto proposto.

Etapa 2: Preparação da descrição das condições existentes dos recursos ambientais.

Etapa 3: Aquisição de normas de quantidade e qualidade relevantes.

Etapa 4: Previsões de impacto,

Etapa 5: Avaliação da importância do impacto,

Etapa 6: Identificação e incorporação de medidas de atenuação.

5.2 Realização do estudo de avaliação do impacto ambiental (AIA) para o projeto eficiente

Materiais sustentáveis para aplicações em biopolímeros e bioplásticos Processo de fabrico Projectos industriais

1. Previsão e avaliação dos impactos no ambiente das águas superficiais,
2. Previsão e avaliação dos impactos no solo e no ambiente terrestre,
3. Previsão e avaliação dos impactos no ambiente aéreo,
4. Previsão e avaliação dos impactos no ambiente sonoro,
5. Previsão e avaliação dos impactos no ambiente biológico,
6. Previsão e avaliação dos impactos no ambiente biomédico,
7. Previsão e avaliação dos impactos no meio marinho,

8. Previsão e avaliação dos impactos no ambiente visual,
9. Previsão e avaliação dos impactos no ambiente socioeconómico.
10. Previsão e avaliação dos impactos no ambiente cultural,
11. Previsão e avaliação dos impactos no ambiente arqueológico,
12. Previsão e avaliação dos impactos no meio antropológico

5.3 Benefícios da AIA no processo de fabrico de materiais sustentáveis para aplicações em biopolímeros e bioplásticos Indústrias

1. Redução considerável dos resíduos e do esgotamento dos recursos.
2. Redução considerável e/ou eliminação da libertação de poluentes para o ambiente.
3. Produtos de conceção e construção ecológicos para minimizar o seu impacto ambiental na produção, utilização e eliminação.
4. Controlar os impactos ambientais das fontes de matérias-primas.
5. Minimização de resíduos e impacto ambiental adverso de novos desenvolvimentos.
6. Promover a consciencialização ambiental entre os funcionários e a comunidade.

5.4. Programas de gestão ambiental

A organização deve estabelecer e manter um ou mais programas para atingir os objectivos e metas ambientais. Este programa deve incluir a designação da função, equipa ou indivíduo responsável e um calendário para a sua realização [6].

1. Indicar o objetivo/alvo.

2. Indicar a finalidade (como o objetivo/meta apoiará a política).

3. Descrever a forma como o objetivo/meta será alcançado.

4. Indicar o responsável pelo programa (equipa).

5. Designar departamentos e indivíduos responsáveis por tarefas específicas.

6. Estabelecer o calendário para a realização das tarefas.

7. Estabelecer a revisão do programa, que incluirá o formato, o conteúdo e o calendário de revisão.

6. Realização do estudo de avaliação do impacto social (AIS)

O processo de Avaliação do Impacto Social (AIS) é uma identificação e avaliação sistemática dos potenciais efeitos sociais dos projectos, planos, programas, planos ou acções legislativas propostos em relação à sociedade. O objetivo do processo de AIS é criar um ambiente biofísico e humano sustentável e equitativo. O processo de AIS inclui o acompanhamento, a medição e as oportunidades de controlo, incluindo a análise e a gestão das consequências sociais pretendidas e não pretendidas, quer se trate de impactos positivos ou negativos das intervenções planeadas e de quaisquer alterações que ocorram no processo de transformação social invocado por essas intervenções. O processo de AIS deve incluir a análise da utilização da terra, da cultura, do processo industrial, do desenvolvimento económico e do seu impacto nos sectores dos serviços, como a utilização da água, da energia, do saneamento e do tráfego. O processo de AIS é realizado para garantir que não há incompatibilidade entre o desenvolvimento do processo de fabrico de materiais sustentáveis para aplicações de biopolímeros e bioplásticos e o desenvolvimento sociocultural e económico das áreas do projeto.

7. Gestão sustentável da qualidade da água e das águas residuais

A qualidade da água deve ser mantida em materiais sustentáveis para locais de processo de fabrico, de modo a que o abastecimento de água aos consumidores seja seguro e higiénico. Devem ser respeitadas as normas relevantes em matéria de qualidade da água [4]. Deve ser fornecida uma instalação de saneamento sustentável. Foi realizado um estudo de avaliação do impacto do saneamento para projectos e planos de saneamento. Os sistemas de esgotos, os sistemas de drenagem de águas pluviais, os sistemas de tratamento de águas residuais, os sistemas de tratamento de resíduos industriais e as fossas sépticas sustentáveis são requisitos importantes no local. As normas de descarga de águas residuais relevantes devem ser respeitadas. Foi seguida a abordagem do processo de medição, monitorização e oportunidades de controlo da qualidade da água, das águas residuais e das águas industriais [4].

8. Engenharia e gestão da segurança em materiais sustentáveis para indústrias de processos de fabrico (Safety First)

A gestão da segurança é a identificação e avaliação sistemáticas dos potenciais requisitos de segurança dos projectos, planos, programas, planos ou acções legislativas propostos. São referidas as normas ISO 45000. O objetivo da engenharia e da gestão da segurança é a conceção e o processo de fabrico de materiais sustentáveis para aplicações de biopolímeros e bioplásticos de estruturas de engenharia civil sustentáveis. Algumas das máquinas alternativas, de fabrico nacional, também não garantem um desempenho superior e as condições de segurança necessárias devido à sua má conceção e aos materiais sustentáveis para o processo de fabrico de aplicações de biopolímeros e bioplásticos. É obrigatório verificar os requisitos de segurança das máquinas, pontes, estradas e edifícios. O pessoal de segurança responsável pela supervisão da segurança de todo o pessoal operacional deve estar a par das leis e regulamentos mais recentes sobre segurança dos trabalhadores e saúde ocupacional [7]. Estes são alterados e/ou actualizados periodicamente. Verificação da segurança (CFS) de modo a garantir que a questão da segurança não será negligenciada, é bom que todos os planos, especificações e desenhos sejam verificados quanto à segurança, prevendo-se uma disposição especial para este efeito em cada conjunto de especificações e na placa de título de cada desenho, verificando periodicamente as gruas, os guinchos, a ventilação, os elevadores, os equipamentos, os sistemas de proteção contra incêndios, os alarmes, os edifícios, as protecções mecânicas e o equipamento elétrico e eletrónico e o equipamento de engenharia pesada. Os equipamentos e materiais de proteção individual (EPI) incluem vestuário, luvas, calçado de segurança, capacetes de proteção, óculos de segurança, escudos, respiradores, aventais completos, cintos de segurança e outros artigos de segurança que têm de ser utilizados por um indivíduo[7]. Este equipamento é importante para a proteção e segurança pessoal. É da responsabilidade do diretor e do supervisor garantir a sua utilização. No que diz respeito à prevenção de doenças profissionais, se as pessoas que participam ou trabalham perto de operações estiverem expostas a quantidades apreciáveis de poeiras, fumos ou gases, devem ser adoptadas medidas de controlo adequadas. São apresentadas algumas das principais considerações envolvidas na aplicação de um controlo eficaz das doenças profissionais industriais. São também apresentadas algumas das políticas, práticas e procedimentos para evitar a exposição do pessoal a materiais não seguros. No que diz respeito à lei sobre a indemnização dos trabalhadores, esta deve ser rigorosamente aplicada no nosso país. O princípio em causa é que o trabalhador ferido ou incapacitado nas indústrias de processos de fabrico de materiais sustentáveis para aplicações em biopolímeros e bioplásticos deve poder, através de tratamento médico adequado, regressar à sua capacidade de trabalho o mais rapidamente possível e, enquanto estiver incapacitado, deve receber uma indemnização em vez do salário, independentemente de culpa. As despesas de tratamento médico e de indemnização devem ser devidamente suportadas pela indústria e fazer parte do custo dos seus produtos. A legislação prevê, em geral, que os trabalhadores acidentados na indústria recebam o tratamento médico necessário e, além disso, uma indemnização baseada numa percentagem do seu salário semanal, a pagar periodicamente. Os dependentes dos trabalhadores mortos na indústria são igualmente indemnizados. A lei relativa às doenças profissionais prevê o pagamento de indemnizações em caso de doença profissional. A adoção de leis relativas à indemnização dos trabalhadores e de leis relativas às doenças profissionais aumentará substancialmente o custo dos seguros para a indústria. O aumento do custo e a certeza com que é aplicado irão aumentar o prémio do trabalho de prevenção de acidentes. Este custo pode ser substancialmente reduzido através da instalação de dispositivos de segurança [8]. A experiência da investigação demonstrou que cerca de 80% de todos os acidentes industriais do processo de fabrico de materiais sustentáveis para aplicações em biopolímeros e bioplásticos são evitáveis. No que diz respeito à prevenção de perdas por incêndio, que é um elemento indispensável na indústria de materiais sustentáveis para o processo de fabrico de aplicações de biopolímeros e bioplásticos. Só existe com a direção da gestão de topo e o apoio da mão de obra. A designação de proteção contra incêndios engloba geralmente todo o domínio da prevenção de perdas por incêndio, incluindo tanto as causas da ocorrência de incêndios como os métodos para minimizar as suas consequências. Neste documento são apresentadas algumas das normas de proteção contra incêndios para evitar lesões e perda de vidas. São também incluídas as práticas de engenharia de proteção contra incêndios, tanto na conceção de edifícios como nas práticas de funcionamento seguro [8]. Materiais sustentáveis para aplicações em biopolímeros e bioplásticos A segurança do ruído no processo de fabrico está em causa, o ruído é reconhecido como um poluente, quer como incómodo, quer como causa de deficiências auditivas. Há provas em locais de processo de fabrico de materiais sustentáveis para aplicações em biopolímeros e bioplásticos de que o ruído causa doenças como a deficiência auditiva, perturbações fisiológicas e psicológicas, incluindo ansiedade e perturbações cardíacas. É necessária proteção contra o ruído quando os níveis sonoros excedem essas normas. Quando é necessário equipamento de proteção, este deve ser fornecido por uma pessoa com formação e devem ser efectuados controlos periódicos da sua eficácia [8].

9 Gestão da qualidade total (TQM)

A Gestão da Qualidade Total (GQT) pode ser definida, em termos gerais, como um conjunto de actividades sistemáticas levadas a cabo por uma instituição para atingir eficazmente objectivos institucionais que satisfaçam os beneficiários no momento e ao preço adequados. A definição de qualidade é "o conjunto das características dos produtos ou dos serviços que determinam a sua capacidade, eficácia e valor para satisfazer uma necessidade determinada ou implícita". A TQM é uma abordagem global e estruturada da gestão integrada da educação que visa melhorar a qualidade dos serviços educativos através de aperfeiçoamentos contínuos em resposta a um feedback permanente. A TQM tem um papel importante a desempenhar na abordagem das questões de qualidade relacionadas com o desenvolvimento de materiais sustentáveis para o processo de fabrico. A TQM é uma abordagem abrangente e estruturada dos materiais sustentáveis para o sector do processo de fabrico que procura melhorar a qualidade dos serviços através de aperfeiçoamentos contínuos em resposta a um feedback contínuo. A TQM conduz a materiais sustentáveis no desenvolvimento de processos de fabrico. A série ISO 9000 do International Organizational for Standardization define a TQM como uma abordagem de gestão centrada na qualidade, baseada na participação de todos os seus membros e que visa o sucesso a longo prazo através da satisfação do cliente e dos benefícios para todos os membros da organização e da sociedade. Assim, a TQM baseia-se na gestão da qualidade do ponto de vista do cliente. Os processos TQM estão divididos em quatro categorias sequenciais: planear, fazer, verificar e agir (Figura 12). Este ciclo é também designado por ciclo *PDCA* ou ciclo *de Deming* para a melhoria contínua dos processos. Na fase de *planeamento,*

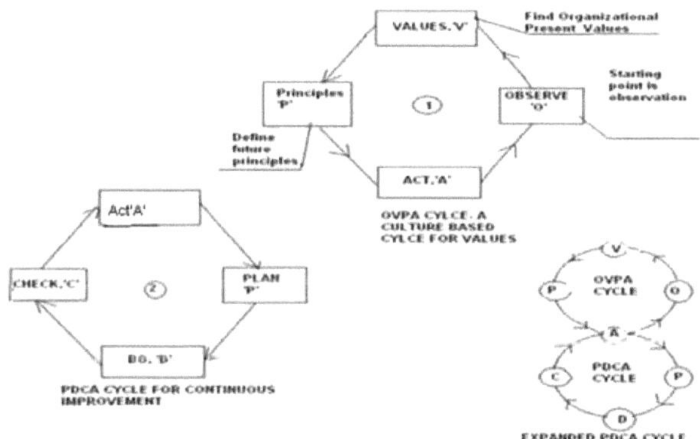

Figure- 12. Conceptualization of Culture Based Environmental and Quality Management entitled "OVPA" Cycle By Incorporating the Expanded PDCA Cycle for Indian Construction Industries towards Sustainable Construction Management

Os ambientalistas definem o problema a resolver, recolhem os dados relevantes e determinam a causa principal do problema; na fase de *execução*, os ambientalistas desenvolvem e implementam uma solução e decidem sobre uma medida para avaliar a sua eficácia e eficiência; na fase de *verificação*, os ambientalistas confirmam o resultado através da comparação de dados antes e depois; na fase de *atuação*, os ambientalistas documentam os seus resultados, informam os outros sobre as alterações do processo e fazem recomendações para que o problema seja resolvido no ciclo PDCA seguinte. A série ISO 9000 centra-se na gestão da qualidade para todos os tipos de organizações. Define as características de um sistema de gestão da qualidade

(SGQ) que devem ser implementadas para garantir a identificação e a concentração na melhoria das áreas em que existem deficiências significativas nos processos [6]. As normas do Sistema de Gestão Ambiental (SGA) ISO 14000 aplicam-se ao sistema de gestão das questões e oportunidades ambientais de uma organização [6]. Definem as características de um SGA que devem ser implementadas para garantir que a organização identifica e se concentra na melhoria das áreas com impactos ambientais significativos. Este sistema foi integrado com as normas do Sistema de Gestão da Qualidade (SGQ) ISO 9000 para alcançar a excelência na qualidade, bem como as obrigações ambientais em projectos de eléctrodos anões. O objetivo geral do EMS é proteger o ambiente e prevenir a poluição para fabricar produtos e serviços ecológicos. A série de normas ISO 14000 ajuda as organizações a obter ganhos ambientais e económicos para melhorar continuamente o desempenho organizacional. São utilizadas para a prevenção da poluição, redução dos resíduos, melhoria da eficiência do sistema de gestão interna, utilização óptima dos recursos e conformidade com os requisitos legais e regulamentares. O SGA pode ser dividido em cinco eventos que formam a sequência de um ciclo (Figura 13).

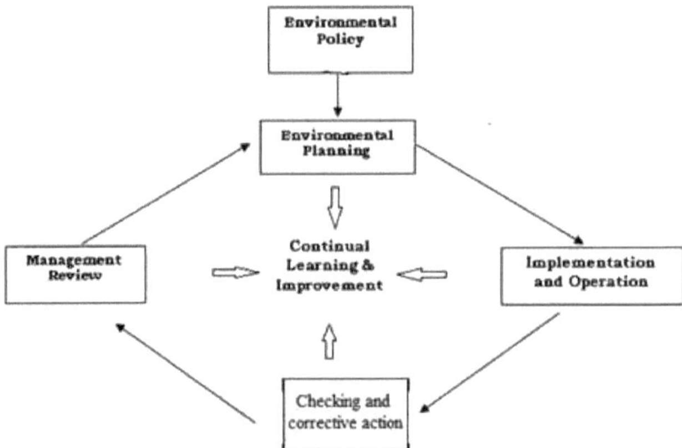

Figure - 13; Environmental Management System

Estes cinco eventos são (1) Política Ambiental, (2) Planeamento Ambiental, (3) Implementação e operações ambientais, (4) Verificação e acções correctivas, e (5) Revisão pela Gestão. A série de normas ISO 14000 foi também concebida para abranger os domínios das questões ambientais e das oportunidades para as organizações competirem nos mercados globais centrados no cliente, de modo a que os produtos e serviços possam ser fabricados de acordo com os requisitos internacionais [6].

O SGA centra-se nos principais factores de excelência do desempenho dos produtos e processos, bem como nas organizações que se concentram na entrega de valores aos clientes, nos processos operacionais internos e na aprendizagem do pessoal. Pode referir-se que a Gestão da Qualidade e do Ambiente (GQA) é uma abordagem de gestão centrada no ambiente e na qualidade através da satisfação dos beneficiários em materiais ambientais sustentáveis que conduzem à melhoria económica e à sustentabilidade ambiental. Por conseguinte, esta abordagem sistémica da gestão ambiental permitirá alcançar a excelência no desempenho global da organização.

Conclusões e recomendações

O processo de AAE tem como objetivo incorporar os factores ambientais e de sustentabilidade nos processos de planeamento e de tomada de decisão de projectos de materiais sustentáveis para processos de fabrico, tais como a formulação e avaliação de projectos de tratamento de águas residuais, contactores biológicos rotativos, leito filtrante, peças biomédicas, biopolímeros marinhos, fábrica de eléctrodos anões Indo-Matsushita (vareta de carbono para bateria) em 1979 em Tada, ponte sustentável, estruturas rodoviárias e de saneamento, construção ecológica, central nuclear, fábrica de descaroçamento de rolos de algodão e betão, que incluíam políticas, programas, planos e acções legislativas. O principal objetivo do processo de AAE é encorajar a consideração dos factores ambientais, de segurança, de saúde, sociais e de sustentabilidade na organização e no processo e chegar a acções compatíveis que sejam compatíveis. A avaliação do impacto do saneamento tem sido investigada para projectos e planos sanitários. O processo de AIA é uma abordagem multidisciplinar que deve ser necessária para fornecer um mecanismo de prevenção para a gestão e proteção ambiental em qualquer desenvolvimento de processos de fabrico de materiais sustentáveis para aplicações de biopolímeros e bioplásticos. O processo de AIA foi concebido para identificar e prever os efeitos potenciais do ambiente físico, biomédico, marinho, biológico, ecológico, socioeconómico, cultural e sobre a saúde e o bem-estar do homem.

De acordo com os resultados da investigação, o processo deve incluir a consideração integrada de factores técnicos ou de engenharia, económicos, ambientais, de segurança, de saúde, sociais e de sustentabilidade para alcançar a excelência empresarial. O protocolo do processo de AAE foi proposto para verificar a qualidade das avaliações ambientais e sociais e dos planos de gestão. Este tratado e os procedimentos oficiais do governo em matéria de AAE são úteis para a tomada de decisões muito mais cedo do que o processo de AIA. Por conseguinte, trata-se de um instrumento fundamental para o desenvolvimento sustentável. A AAE visa incorporar considerações ambientais e de sustentabilidade nos processos estratégicos de tomada de decisões, formular políticas, planos e programas e acções legislativas.

Antes do processo da Lei da Política Nacional do Ambiente (NEPA), em 1970, nos EUA, os factores técnicos e económicos dominavam os projectos de processos de fabrico mundiais. O objetivo do estudo é concetualizar o processo SEA para os formandos da BIPARD. As normas do Sistema de Gestão Ambiental ISO 14000 aplicam-se aos conceitos do sistema de gestão da qualidade total para a gestão das questões e oportunidades ambientais de uma organização. Define as características de um SGA que devem ser implementadas para assegurar que as organizações identificam e se concentram na melhoria das áreas em que têm impactos ambientais significativos.

O SGA centra-se nos principais factores de excelência do desempenho dos produtos e processos, bem como nas organizações que se concentram em fornecer valores aos clientes, nos processos operacionais internos e na aprendizagem do pessoal. Por conseguinte, esta abordagem sistémica da gestão ambiental deve alcançar a excelência no desempenho organizacional global. A análise do ciclo de vida ambiental dos produtos de engenharia foi efectuada para identificar e medir o impacto dos materiais sustentáveis para o fabrico de produtos industriais no ambiente e manter a eficácia através de métodos de balanço de massa e energia. A ACV considera as actividades relacionadas com as matérias-primas, a transformação, os materiais auxiliares, o equipamento, os métodos, o mercado, a produção, a utilização, a eliminação e o equipamento auxiliar. No que diz respeito aos requisitos de processamento e aos relatórios de segurança, o equipamento e os materiais de proteção individual, que incluem vestuário, luvas, sapatos de segurança, capacetes, óculos de segurança, escudos, respiradores, aventais completos, cintos de segurança e outros artigos de segurança, têm de ser utilizados por um indivíduo. Este equipamento é importante para a proteção pessoal e para a segurança. É da responsabilidade do diretor e do supervisor garantir a sua utilização. A promulgação de leis de indemnização dos trabalhadores e de doenças profissionais aumentará substancialmente o custo dos seguros para a indústria. O aumento dos custos e a certeza com que são aplicados irão valorizar o trabalho de prevenção de acidentes. Este custo pode ser substancialmente reduzido através da instalação de dispositivos de segurança. A experiência de investigação em gestão de processos de fabrico de materiais sustentáveis para aplicações em biopolímeros e bioplásticos demonstrou que cerca de 80% de todos os acidentes industriais são evitáveis. Conclui-se que o ambiente associado à gestão da qualidade é uma abordagem de gestão centrada no ambiente e na qualidade através da satisfação dos beneficiários, que conduz à melhoria económica e à sustentabilidade com base na abordagem tripla. A TQM tem um papel importante a desempenhar na abordagem das questões de qualidade relacionadas com materiais sustentáveis para o desenvolvimento de processos de fabrico. Foi discutida a gestão sustentável da água e das águas residuais.

Os processos de EIA e EHIA foram conduzidos para uma central nuclear, a fim de considerar os impactos na segurança e na saúde para mitigar as cargas psicológicas na saúde dos trabalhadores e dos residentes próximos. O sistema de AAE é um elemento potencialmente útil de uma boa gestão ambiental e de um desenvolvimento sustentável; contudo, tal como é atualmente praticado nas indústrias de materiais sustentáveis para processos de fabrico, está longe de ser perfeito. No entanto, tal como é atualmente praticado nas indústrias de transformação, está longe de ser perfeito. A ênfase deve ser dada à manutenção da viabilidade económica da operação, ao mesmo tempo que se tem o cuidado de preservar a sustentabilidade ecológica e social do país. O processo internacional de AIA exigiu uma abordagem multidisciplinar que foi conduzida numa fase muito precoce do tratamento de águas residuais contactores biológicos rotativos, leito de filtro de gotejamento, peças biomédicas, biopolímeros marinhos, projeto Indo-Matsushita de varetas de carbono em 1982 em Tada para viabilidade económica, ambiental e social.

Agradecimentos especiais

O autor agradece a Shri K.K. Pathak, I.A.S., Diretor-Geral, Bihar Institute of Public Administration and Rural Development (BIPARD) por autorizar a publicação deste artigo de investigação como um módulo do curso de formação e investigação BIPARD intitulado "Environmental Climate Change and Control".

O autor do livro agradece aos Directores-Gerais Virtoria Ursu e Leva Konstantinova da M/S Lambert Academic Publishing (Marca da Omni Scriptum S.R.L.), Londres, Reino Unido, pelo seu generoso e real apoio.

Agradecimentos editoriais sinceros e sustentáveis à Sra. Parascovia Petrachi, Editora da M/S Lambert Academic Publishing (Marca da Omni Scriptum S.R.L.), Londres, Reino Unido.

Referências

[1]. Larry W.Canter. "Environmental Impact Assessment", McGraw-Hill International Editions 1996, Segunda Edição (ISBN 0-07-114103-0).

[2]. Glynn Hendry J e Gary W. Heinke. " Environmental Science and Engineering ", Prentice -Hall of India Private Limited Second Edition, 2002.

[3] Vijayan Gurumurthy Iyer. "Impactos ambientais no ambiente de design e artes para o processo de descaroçamento de rolos de algodão da indústria 3.0". New Trends and Issues Proceedings on Humanities and Social Sciences (e.ISSN 2547-8818), Open Journal Systems (OJS), Volume 08, Número 1 (2020) PP.22-34 (13 Páginas), https://un-pub.eu/ojs/index.php/pntsbs/article/view/5788, 9ª Conferência Mundial de Design e Artes (WCDA-2020), Data de Publicação 4 de junho de 2021, Editores: BirlesikDunyaYenilikArastirmaveYayincilikMerkezi. The Academic Event Group (TAEG), BD Center, Turquia. https://doi.org/10.18844/prosoc.v7i4.5788, PP. 22-34.

https://issuu.com/vijayangurumurthyiyer/docs/bd_center_humanities_and_social_sciences.

[4]. Ralph A.Wurb. " Water Resources Engineering ", Prentice -Hall of India Private Limited, edição de 2010.

[5] Metcalf & Eddy, Inc.. "Wastewater Engineering, Treatment and Reuse, McGraw Hill Education (I) Private Ltd. Edição de 2012.

[6] Giri, C.C. et.al. Importance of the ISO 14000 in Textile Industry and its Implementation Framework, Journal of Textile Association, July-Aug.2003, pp.57-63 .

[7]Pascal.M.Rapier e Andrew C.Klein, Occupational Safety and Health, 1998.

[8]Pascal.M.Rapier e Andrew C.Klein, Proteção contra incêndios, 1998.

Biografia do Dr. Vijayan Gurumurthy Iyer

IYER Vijayan Gurumurthy, nascido em 13 de março de 1965, Mayuram, Índia. Engenheiro e médico profissional e proprietário da empresa Dr.Vijayan Gurumurthy Iyer Techno-Economic-Environmental Study and Check Consultancy Services, GSTIN/UIN: 33AIZPG9735D1ZW, m. Shanthi. s. Venkatramanan, Formação académica: Diploma, Engenharia Mecânica, 1982; Diploma, Gestão da Produção, Universidade de Annamalai, 1988; Pós-Documento, Engenharia Automóvel, Instituto Técnico Victoria Jubilee, Mumbai, 1992; AMIE, Engenharia Mecânica, Instituição de Engenheiros, Índia, 1990; Bacharelato em Direito Geral, B.G.L., Annamalai University, 1993, Mestrado, 1997, Doutoramento, 2003, Ciências e Engenharia do Ambiente, Indian School of Mines University, Dhanbad; Investigador de pós-doutoramento, World Scientific and Engineering Academy and Society, Grécia, 2006; Pós-doutoramento Elaborado & SI, World Scientific and Engineering Academy and Society, Grécia, 2011; Doutoramento em Ciências e Engenharia, 2010; Doutoramento em Letras, 2017, Doutoramento em Direito, 2011, The Yorker International University, Itália, 2011, Doutoramento Honoris Causa em Literatura, 2017; Master of Arts, 2014, International Biographical Centre, Cambridge, Grã-Bretanha; Diploma de Mestrado com honra em Literatura, 2012; A Letra da Lei, Academia Mundial de Letras, ABI, 2010. Nomeações: Supervisor, Indo-Matsushita Carbon Company Limited, Tada, ACE CBE, 1982-; Oficial Técnico, Conselho Indiano do Serviço de Investigação Agrícola, Instituto Central de Engenharia Agrícola, Bhopal, 1985-; Instituto Central de Investigação sobre Tecnologia do Algodão, -1998; Professor, Faculdade de Engenharia de Hindustan, Faculdade de Engenharia de Rajalakshmi, Faculdade de Engenharia de MNM Jain; Professor, Dr. M G R University, Chennai, -2006; Diretor, Prince Dr. K Vasudevan College of Engineering and Technology, Chennai, -2011; Diploma em Empreendedorismo e Gestão de Empresas Conselheiro e Coordenador, Instituto de Desenvolvimento do Empreendedorismo da Índia, 2007-; Professor da Universidade de

Haramaya, Etiópia, África Oriental, 2014-; Prof. em Engenharia Civil e Reitor, Faculdade de Engenharia de Narasaraopeta, afiliada à Universidade Tecnológica Jawaharlal Nehru-K, -2017; Professor, Universidade KLEF, Vadeswaram, -2018; Diretor ad hoc, Instituto Técnico Integrado da Força Policial da Reserva Central (CRPF), Chennai, 2019; P.E., ECI 2020, Professor convidado da Universidade de Madras. Diretor, Escola de Engenharia de Arunai -2022. Bihar Institute of Public Administration & Rural Development, Patna/gaya, Índia 2022-, Publicações e Práticas: Mais de 362 publicações indexadas SCI / ISI, 60 livros electrónicos multilingues, Index Scopus(16),Sabinet(65), e Web of Science (WoS) Publicações indexadas (18) Publicações não indexadas(44) ; Citações (19) ; h.index 50; Researcher ID: F-7375-2018 publicações indexadas de elevada qualidade nos últimos trinta anos no domínio da ciência ambiental e engenharia mecânica e educação, impactação, 60 em revistas, 103 capítulos de livros electrónicos, 100 flip books digitais ISSUU e SCRIBD, Editor da série fifteen Books . Mais de 2000 citações; Mais de 600 citações em bases de dados indexadas em CPCI, Web of Science, Scopus, Index Copernicus ; Worldcat; ; h.index 50; Plenary Invited Lectures in Shanghai, Keynote Speaker-I, China-Beijing Municipality, 2021-; .Athens- Gr.; Bangkok-Thailand; Haramaya, East Africa. Membro do Conselho Editorial do 4D Four Dimensions Publishing Group, Inc & Reviewer: Institute of Physics, DStech Publications Inc., Atlantis Press-Springer Nature, World Jounral of Textile Engineering and Technology, IOPScience Publishing, Journal of Environmental and Waste Management, David Publishing Company, World Scientific Engineering Academy and Society (WSEAS) publications and American Society for Agricultural and Biological Engineers Journals, Honours: Kendriya Sachivalaya Hindi Parishad, 1988; Bharat Jyothi, 2000; Cidadãos proeminentes da Índia e Melhor Cidadão da Índia, 2001; Rashtriya Ratna, 2001; Prémio de Educação Especial NCERT, 2003; Rashtriya Gaurav, 2004, 2010; Prémio de Melhor Ensaio de Investigação Ambiental do Governo de Tamil Nadu, 2005; Prémio PDF, 2006; Revisor ASDF, Sr.Revisor Sina,World Biographical Hall of Fame, Dictionary of International Biography, 2012, 2000 Intelectuais do Século XXI, 2011; Grandes Mentes do Século XXI, 2012; Inscrito no Marquis Who's Who LLC in Asia,2007, 1ª Edição; Who's Who in Asia,2012, 2ª Ed; Who's Who in Science and Engineering -2016-2017,12 th Ed; Who's Who in Science and Engineering -2011-2012, 11 th Ed; Who's Who in the World- 2016, 33 rd Ed;, -2015, 33 nd Ed; - 2014, 31 st Ed; - 2013, 30 th Ed; - 2012, 29 th Ed; - 2011,28 th Ed.; - 2010, 27ª Ed.; - 2009,26ª Ed; -2008, 25ª Ed, 2023 . Who was Who in America 1985-Present, Registered Valuer Plant and Machineries; Competent Person under Factories Act, Registered Engineer Grade-I/Licensed Surveyor Class-I Greater Chennai Corporation, Chartered Public Administrator (AIPA), DSC_1142, Good Scholar ID:

2r9X1sIAAAAJ, Chartered Engineer, Licensed Surveyor, Arbitration Engineer, Professional Engineer. Associações: Sociedade Internacional de Desenvolvimento e Sustentabilidade; Associação Americana para o Avanço da Ciência, Sociedade Indiana de Educação Técnica; Sociedade Aeronáutica da Índia; Instituto de Bioinformática da Índia; Associação de Engenheiros de Minas da Índia; Associação de Cientistas, Desenvolvedores e Faculdades. Sociedade Indiana de Formação e Desenvolvimento; Fellow: Instituição de Engenheiros, Índia; Instituição de Avaliadores, Índia; Associação Têxtil, Índia; Associação de Gestão de Toda a Índia, Sociedade Internacional de Investigação e Desenvolvimento, Publicações Bioinfo, Sociedade Americana de Química. Endereço: A-2/31 III Floor, Kendriya Vihar 2, Poovai Road, Paruthipattu, Avadi, Chennai-71, Índia,

M:+919444812401,8544419580,Telephone:+914429560473,http://orcid.org/0000-0003-2443-6573:

URL:https://issuu.com/vijayangurumurthyiyer,e.mails:vijayaniyergurumurthy@rediffmail.com

Printed by Books on Demand GmbH, Norderstedt / Germany